全方位 無瑕美肌 養護小百科

從皮膚基礎知識、疑難雜症剖析
到凍齡保養一本搞定！

豐田雅彥・著
安珀・譯

本書的目標在於，

「水潤Q彈又飽滿，
沒有皮膚問題的
健康好肌膚。」

想知道美肌保養最新資訊的人，

為了手部粗糙或痤瘡深感苦惱的人，

在意斑點、皺紋、肌膚鬆弛的人，

止不住肌膚發癢的人，

異位性皮膚炎一直沒有好轉的人，

珍愛的人正飽受皮膚病折磨的人，

本書會將正確的、

最新的資訊傳遞給上述的這些人。

皮膚是第零號的腦

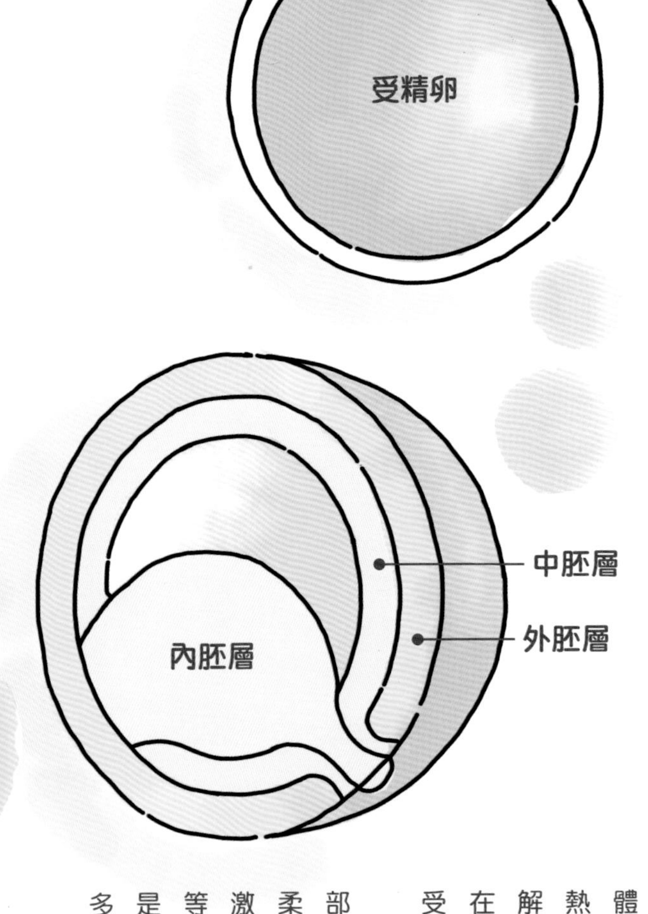

「皮膚是人體當中會最先接收到「好柔軟」、「好痛」、「好冷」等等外界的訊息的器官。

皮膚裡有著許許多多的※受體，包括有觸覺、壓覺、痛覺、熱覺、冷覺等。而我們也漸漸了解到，除此之外，皮膚裡面還存在著味道、氣味、聲音和亮度等受體。

據說，皮膚還有著足以與腦部匹敵的受體。我們可以藉由輕柔地碰觸皮膚，給與舒服的刺激，使其釋放出催產素、血清素等等的幸福荷爾蒙，而這些也都是經過科學證實的。皮膚擁有許多的可能性。

此外，藉由查閱生物進化的

會最先感受到「感覺」

歷史，我們也得知到，皮膚在腦部發育之前早就已經形成了。也因為這樣的原因，皮膚才會被稱為「第零號的腦」。

作為人類生命起源的受精卵，在經過反覆的細胞分裂之後，會逐漸形成內胚層、中胚層以及外胚層等三個部分。而這三者當中的外胚層，主要會發育成表皮（皮膚表面）和腦神經組織。換言之，皮膚和腦部其實都是從同一個地方發育而成的器官。正因為這個原因，所以產生了「皮腦同根」這樣的說法。皮膚和腦真是有著密不可分的關係。

※受體
一種蛋白質，功能是接收從細胞之外傳送過來的，各種荷爾蒙和神經傳達物質等的訊號。多數存在於細胞膜上。

皮膚是心靈的鏡子

經由科學證實，親子之間肌膚與肌膚相互接觸的「肌膚之親（skinship）」，可以促進孩童的腦部發育，培育心靈的發展。而心靈、頭腦和皮膚息息相關，保養皮膚也與照護頭腦和心靈有著密不可分的關係。這就是所謂的「重視皮膚即重視心靈。」

肌膚不緊緻或沒有光澤、肌膚乾燥粗糙、蕁麻疹或異位性皮膚炎治不好……要是連接受了專科醫生適當的治療也沒有效果，皮膚的狀態一直很難好轉的話，主要原因往往都是出在心理問題。皮膚是心靈的鏡子。

精神方面一旦產生了壓力，交感神經就會積極地運作，進而導致皮膚的血液循環變差。這麼一來的

心理健康由皮膚開始做起

結果就是肌膚的新陳代謝低落，進而讓皮膚變得不緊緻、沒有光澤且粗糙。

此外，心理或身體一旦承受壓力，皮膚表面的壞菌就會增加，皮膚具備的屏障（肌膚的保護）功能變得低落。

相反的，壓力一旦消失之後，副交感神經則會占上風，皮膚的血液循環會變好，新陳代謝也變得活躍。而免疫力也獲得提高之後，屏障的功能便能正常地運作。

為了讓皮膚保持在良好的狀態，犒賞自己、珍惜自己也非常的重要。

前言

在此，要為各位介紹由我所著作的《全方位無瑕美肌養護小百科》。雖然日文書名《新しい皮膚の教科書》有「教科書」三個字，但這絕對不是一本晦澀難懂的醫學專門書。

此刻，購買了這本書的你，是什麼樣的人呢？

是「偶爾想了解和皮膚相關的知識」，或是「正為了皮膚的問題苦惱不已」，還是「對美容的話題非常感興趣」的人呢？不論理由是什麼，你與這本書的相遇，也代表了你與我的相遇。我在此保證，拿起這本書翻閱的所有人一定都會覺得「能遇見這本書真是太好了」。

皮膚是人體最大的器官。以成人的狀況來說，皮膚的總面積達到約一點六平方公尺，大概相當於一張榻榻米的大小。皮膚所包覆的範圍遍及身體的表面，保護著身體的內臟器官。不僅如此，我們的身上還分布著指甲和毛髮之類的「皮膚附屬器官」。而且皮膚還會分泌汗液和皮脂，一邊調節體溫，一邊反覆進行新陳代謝，總是全力以赴地運作著。

此外，形成皮膚的所有細胞，為了使皮膚保持健康，會一邊互相合作，一邊不斷維持皮膚表面菌種等的平衡。從我們誕生在這個世界上開始，一直到現下的此時此刻，皮膚都不斷地一直在運作，連一秒的空檔都沒有停止過。

當那樣的平衡瓦解時，就會產生皮膚病或肌膚問題。

透過本書，我自始至終所想要傳達的就是「皮膚深奧的魅力」。

各位聽過「皮膚是內臟的鏡子」這句話嗎？它的意思是，皮膚與內臟有著密切的關係，皮膚的機能取決於內臟機能或平衡的好壞。此外，還有「皮膚是心靈的鏡子」這樣一句話，心理的疲累會造成皮膚的問題，相反的，皮膚的異常也會引起心情的變化。

關於皮膚的「保養」，則是分為直接在

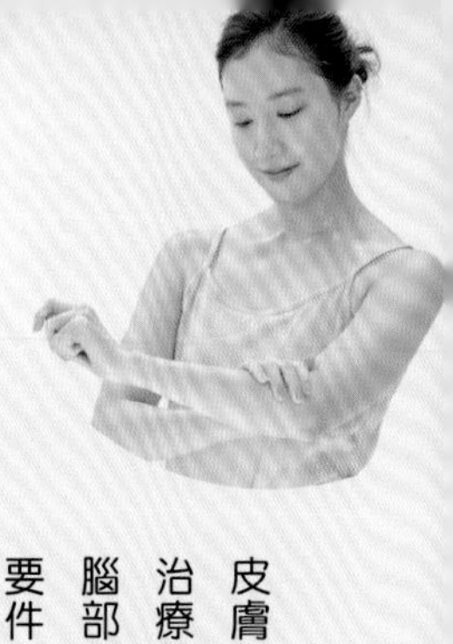

皮膚上進行保養工作的「肌膚保養」、先從治療內臟著手的方法「體內保養」，以及讓腦部和心靈獲得平靜的「心理保養」等三個要件。

至於到目前為止還沒有人提及過的「肌膚保養三要件」的重要性，本書也會深入地加以探討。而這些內容都是由我這個皮膚專科醫師親身實踐過，並且將其當做理念持續追求，發自內心所想要傳達給各位的訊息。

在現今這個時代，只要使用網際網路，不論是什麼樣的資訊都可以簡單地搜尋到。雖然這為我們帶來了莫大的好處，讓許多資訊都變得具有價值。但就另一方面來說，有許多錯誤的情報充斥其中也是不容否認的事實。

本書的基本理念則是將和皮膚功能、皮膚病、美容方法相關的「正確資訊」，以淺顯易懂的方式分門別類之後，再如實地傳達給各位讀者。

至於那些還沒有明確科學實證的情報，本書不會牽強地去傳述它的理論。

皮膚除了自己會「看到」之外，也可能在他人的面前「被看到」，想藏都藏不起來。因此請試著透過本書的內容，重新認識與「皮膚」相關的正確知識，逐步達成對皮膚的保養，為未來皮膚的健康做好準備。

還請好好地閱讀本書的內容，要是各位能確實閱讀，我就可以「診斷」你的皮膚，為你提供適當的建議。我相信，這本書會成為「跨世代的皮膚教科書＝聖經」，將各位的肌膚導向健康的狀態。

うるおい皮膚專科診所
院長　豐田雅彥

讓肌膚健康的

肌膚保養三要件

由外進行的保養　　**由內進行的保養**

肌膚保養
- 洗淨
- 保濕

＋

藉由外用藥物治療

體內保養
- 營養
  - 飲食療法
  - 補充保健食品＋中藥
- 運動
- 睡眠

心理保養
- 消除壓力

如果能做到三種保養的話

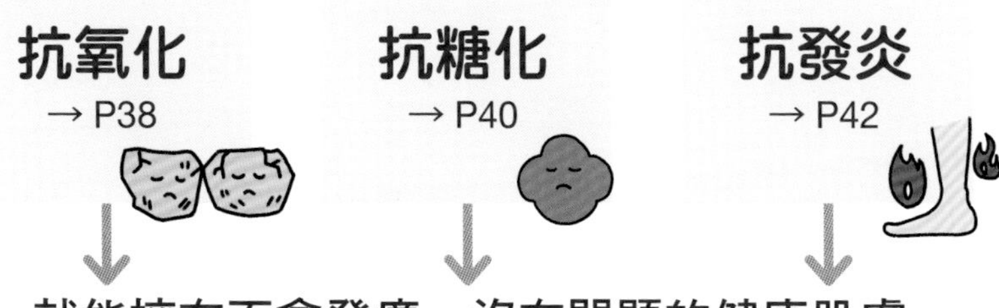

就能擁有不會發癢、沒有問題的健康肌膚

CONTENTS

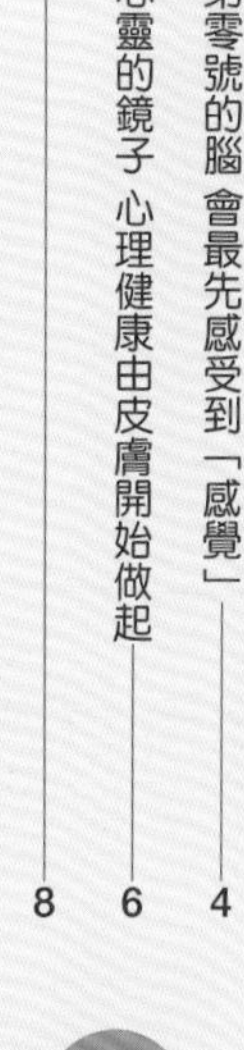

1 皮膚的構造和功能

2 肌膚老化和失調的原因

3 人人都能做到的每日肌膚保養

4 肌膚問題的應對方法

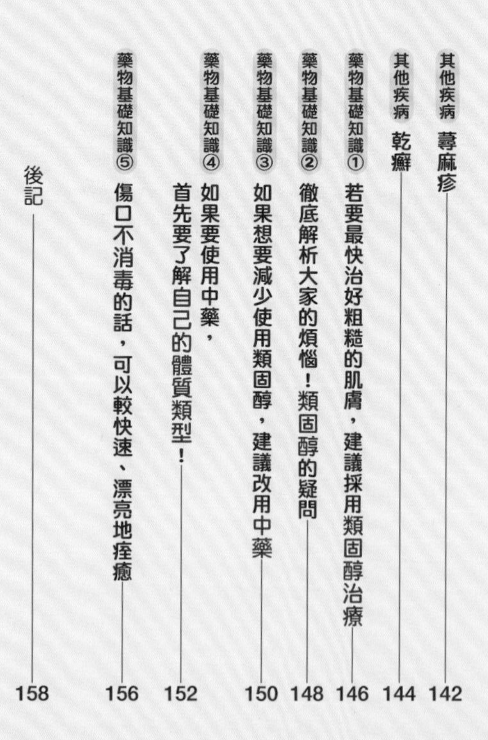

有關藥品的記載

本書中關於使用處方藥和藥劑的記載乃基於作者的見解。因為終究只是對於疾病的治療方法其中一個案例，所以當你依據個人的判斷用藥時請節制使用。如果希望取得本書中所記載的藥劑處方，也請你一定要到醫院看診，在醫師的診斷下使用。如果因為依據個人的判斷使用藥物，對皮膚疾病造成影響，有這類的情況發生，作者將不承擔任何的責任。請大家注意。

1

皮膚的構造和功能

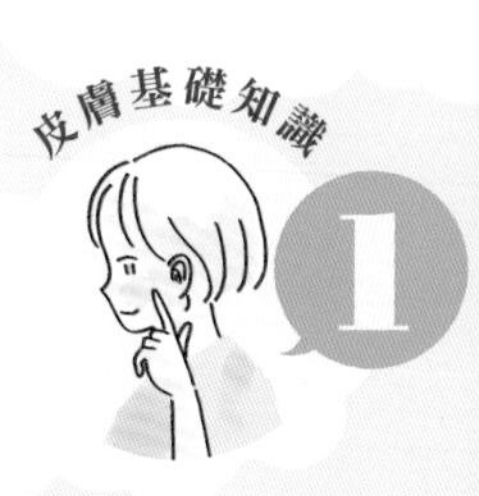

一張榻榻米的大小!? 皮膚是人體最大的器官

人類皮膚的表面積約為一點六平方公尺，大概相當於一張榻榻米左右的大小，而重量約占體重的百分之十六（如果是以體重五十公斤的人來看，大約會有八公斤）。相對於被稱為內臟的胃和腸，**皮膚則被稱為「外部的器官＝外臟」，是身體最大的器官。**

皮膚主要具有保護作用、分泌作用、體溫調節作用、貯蓄作用、排泄作用、知覺作用等六大功能，其中又以保護作用最為重要。皮膚可以保護身體免於紫外線和有害物質等來自外部的刺激，並能**發揮「屏障」的作用，防止體內的水分蒸發，保持身體的濕潤。**

此外，人體皮膚的表面存在有許多的「常在菌」，它們也執行保護身體的重要任務。腸內的常在菌叫做「腸道菌群」，而**我把皮膚的常在菌稱為「皮膚菌群」**。

皮膚菌群包含有好菌、壞菌和日和見菌（中性菌、伺機菌）。日和見菌是可以變成好菌，也可以變成壞菌的菌類，這三種菌維持良好的平衡，保護皮膚。相反的，一旦因為某些理由失去平衡，屏障功能就會變弱，對皮膚沒有益處的細菌會變得很容易加入其中。**如果想要維持皮膚菌群的平衡，充分的保濕和保持乾淨很重要。**

指的是隔開
體內和體外
的牆壁！

皮膚是

保護作用

保護身體免於外部的刺激，防止水分的蒸發。

貯蓄作用

在皮下儲存脂肪，保護身體免於衝擊。

分泌作用

分泌皮脂或汗液，防止乾燥、細菌的繁殖。

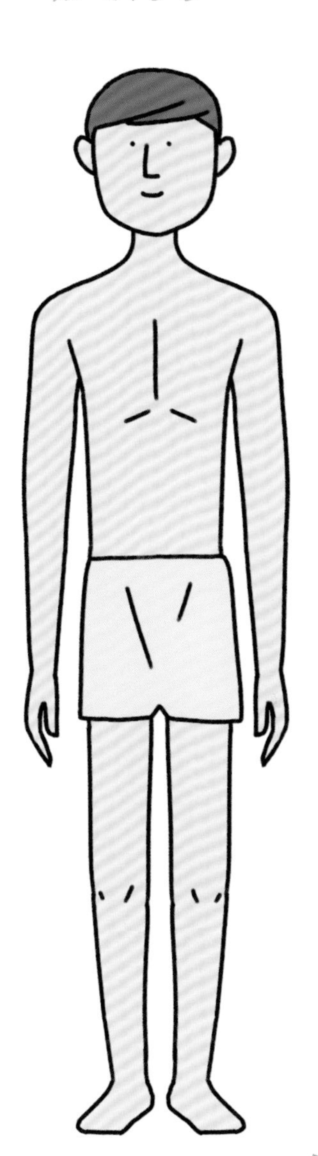

排泄作用

從汗腺分泌汗液，將老舊廢物排出體外。

體溫調節作用

藉由排汗、起雞皮疙瘩來調節體溫。

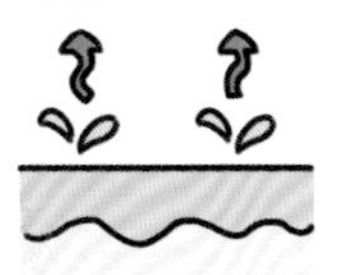

知覺作用

掌握觸覺、痛覺和發癢等的感覺。

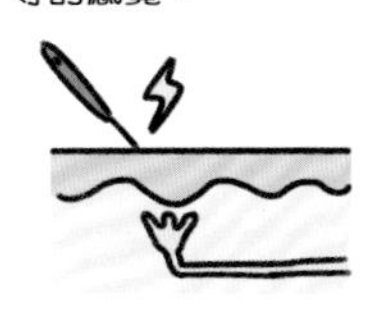

人體最大的「外部」器官＝外臟

來看看皮膚構造吧

毛髮、黏膜、指甲也是皮膚

一般都會認為皮膚只包含肌膚的部分，但實際上毛髮、口鼻裡的黏膜、指甲，也全都是皮膚，這些全都是由蛋白質所形成的。不但外形各有不同，功能也是各有差異，有的能夠保護身體內部免於外部的刺激，有的則是負責排泄老舊廢物來維持身體的健康。

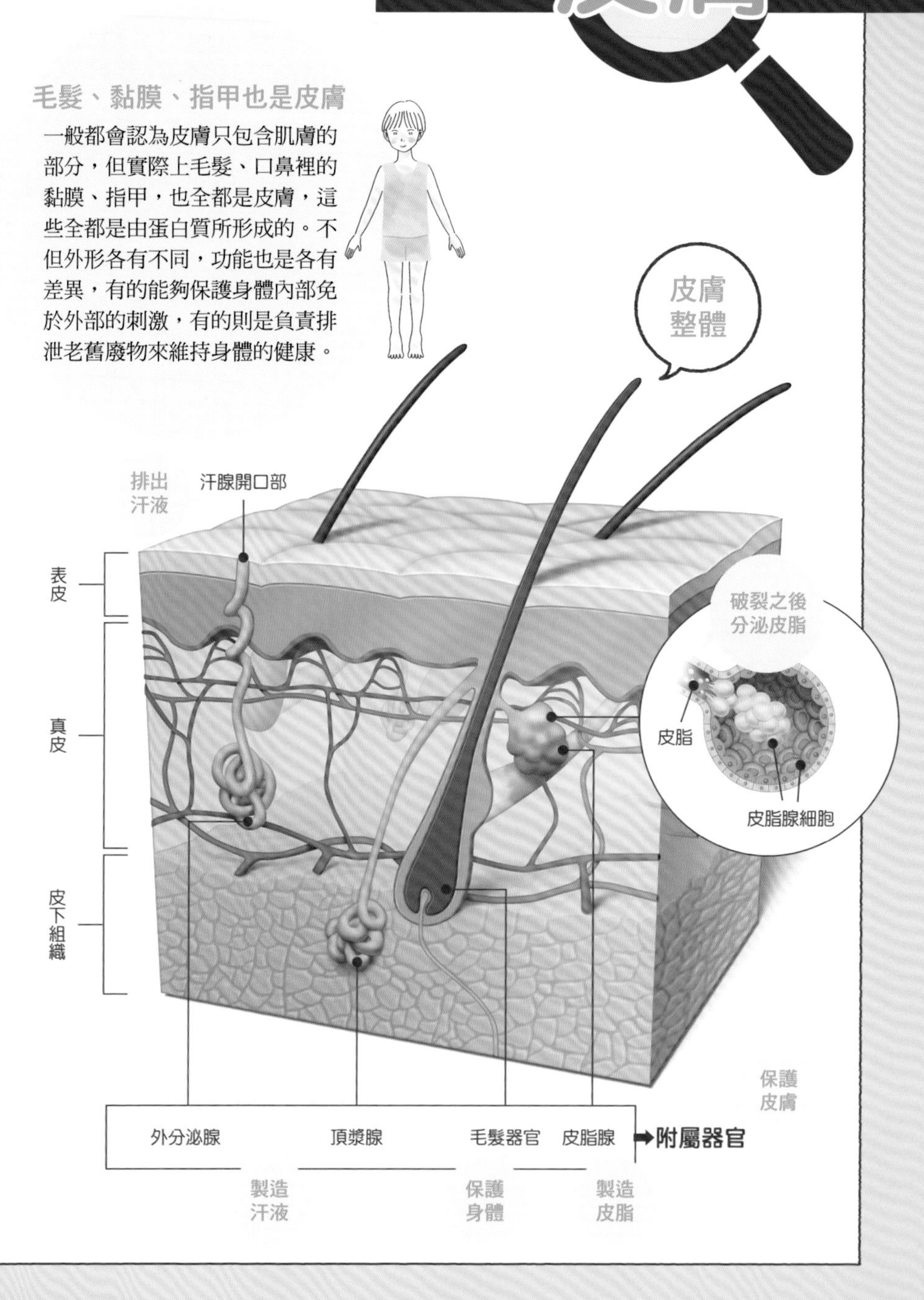

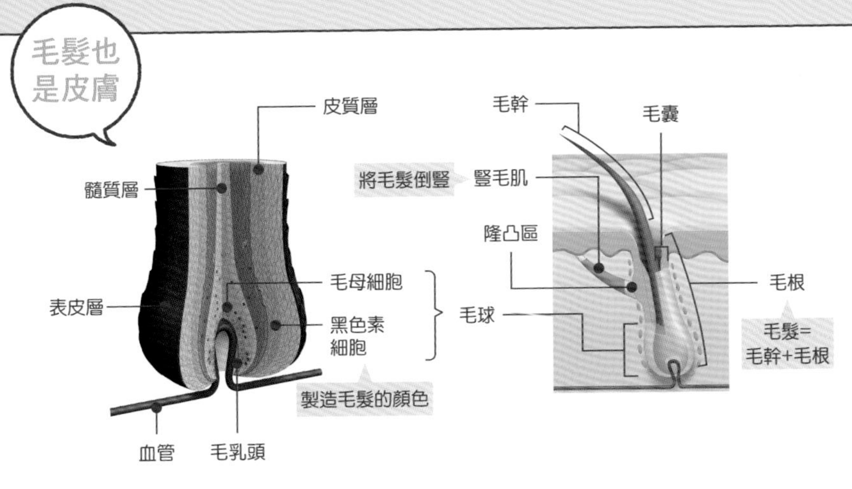
毛髮也
是皮膚
皮質層
髓質層
表皮層
毛母細胞
黑色素
細胞
毛球
製造毛髮的顏色
血管
毛乳頭
毛幹
毛囊
將毛髮倒豎
豎毛肌
隆凸區
毛根
毛髮=
毛幹+毛根

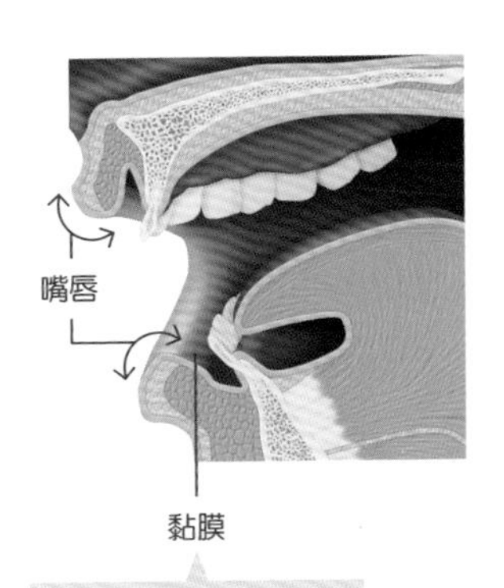
嘴唇
黏膜
唾液可以保濕並保護黏膜

黏膜也
是皮膚

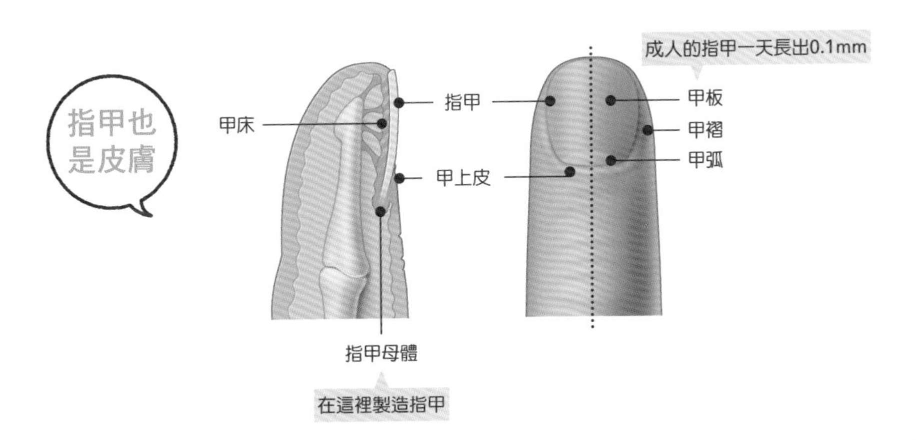
指甲也
是皮膚
甲床
指甲
甲上皮
指甲母體
在這裡製造指甲
成人的指甲一天長出0.1mm
甲板
甲褶
甲弧

表皮的構造 2

作為肌膚的屏障重要的是「神經醯胺」

表皮是由角質層、顆粒層、棘狀層、基底層這四層構造所構成，經常被比喻成是包覆身體的包裝紙。因為皮膚（包裝紙）成為屏障，保護身體不會受到外來的刺激，所以我們才得以生存。

「屏障」可以區分成兩個功能，其中一個是**物理性屏障**。角質層是由像磚塊一樣堆積而成的角質細胞所形成，堆積的角質細胞擔任緩衝物的角色，保護身體免於來自皮膚外側的物理性衝擊。另一個則是機能性屏障，為了避免肌膚乾燥，**「神經醯胺」**、**「天然保濕因子（NMF：Natural Moisturizing Factor）」**、**「皮脂」這三大保濕成分，會防止水分由皮膚內側蒸發。**

神經醯胺是一種填補在角質細胞之間的脂質（角質細胞間脂質），將細胞和細胞緊密連接並牢牢鎖住水分。天然保濕因子是存在於角質細胞之中的天然保濕劑。神經醯胺是由位於顆粒細胞中的層板顆粒，天然保濕因子則是由透明角質顆粒，分別製造出來的。

擔負肌膚保濕任務的神經醯胺，一旦遇到熱水就會溶解出來。因為會造成肌膚乾燥或粗糙，所以請避免長時間泡在溫水裡面清洗臉部或身體（參照第60頁），而且別忘了藉由保濕劑來補充神經醯胺，這點很重要。

表皮由四層構造所構成

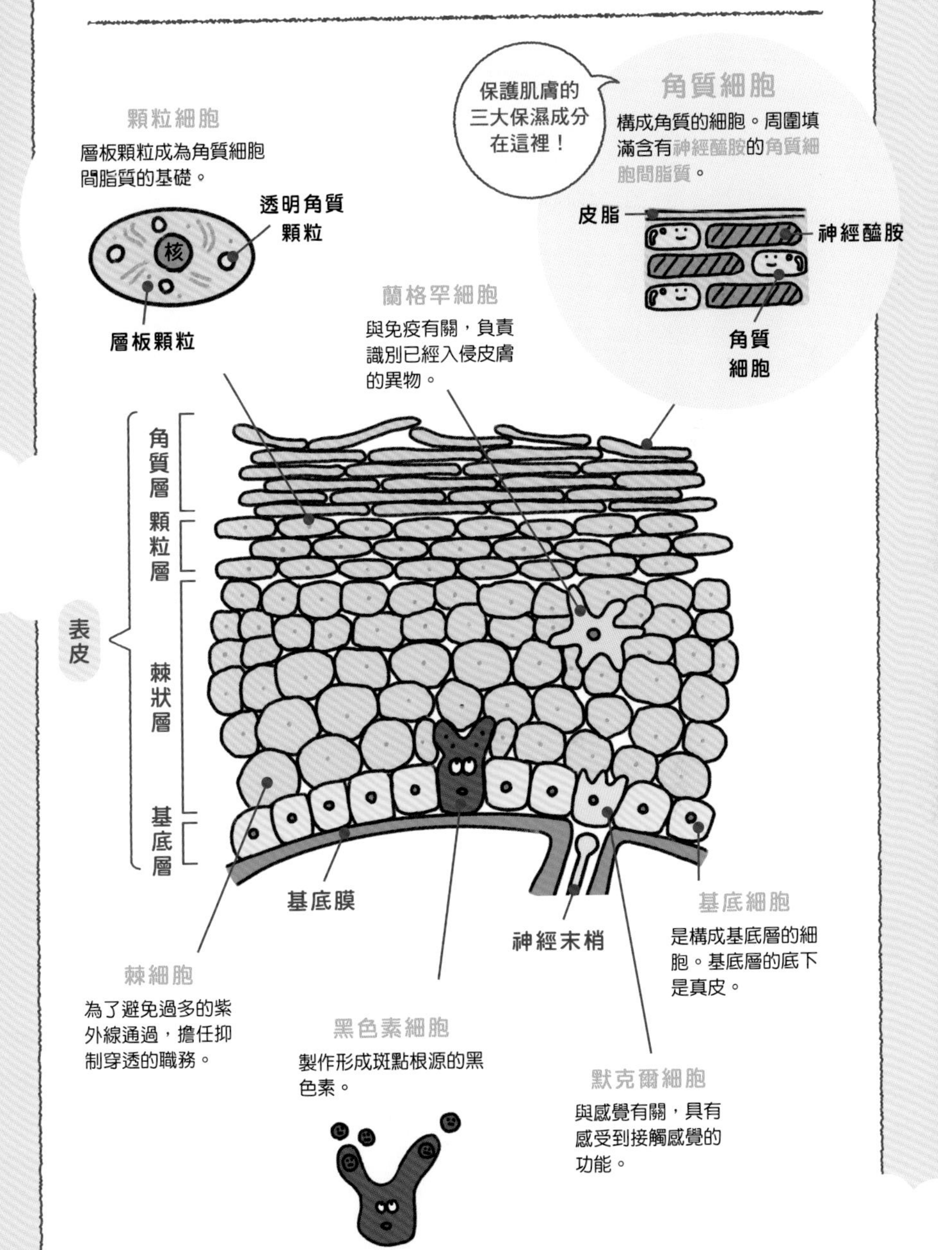
保護肌膚的
三大保濕成分
在這裡！
角質細胞
構成角質的細胞。周圍填滿含有神經醯胺的角質細胞間脂質。
皮脂
神經醯胺
角質
細胞
顆粒細胞
層板顆粒成為角質細胞間脂質的基礎。
透明角質
顆粒
核
層板顆粒
蘭格罕細胞
與免疫有關，負責識別已經入侵皮膚的異物。
角質層
顆粒層
表皮
棘狀層
基底層
基底膜
神經末梢
基底細胞
是構成基底層的細胞。基底層的底下是真皮。
棘細胞
為了避免過多的紫外線通過，擔任抑制穿透的職務。
黑色素細胞
製作形成斑點根源的黑色素。
默克爾細胞
與感覺有關，具有感受到接觸感覺的功能。

表皮的構造 3

表皮的壽命大約六週！再生好幾次，不斷重生

皮膚是由表皮、真皮、皮下組織等三層構造所組成，位於皮下組織下面的則是肌肉。

在分為四層的表皮當中，基底層作為皮膚基礎的組織會反覆地進行細胞分裂。分裂之後的細胞會一邊往橫向擴展，一邊不斷地被往上推向棘狀層、顆粒層。被往上推到顆粒層的細胞不久就死亡，在轉變成角質細胞之後形成角質層。**接著，角質層的細胞會變成汙垢並且脫落。這整個過程就是皮膚的新陳代謝，皮膚會一直重複這樣的週期，不斷地重生。**

一般來說，從基底細胞分裂產生新的細胞開始，一直到變成角質細胞為止，大約需要四週的時間。在那之後，直到角質變成汙垢脫落為止，大約會花費兩週的時間。總共大約六週（一個半月）是正常的皮膚新陳代謝週期。

這個週期會隨著年齡漸漸變大而變得愈來愈緩慢，而且也會因為身體的部位不同而有個別差異。其中週期最快的是嘴唇，其次是上眼皮，週期最慢的則是腳後跟，一般來說會需要花費大約三倍的時間。

除了保濕之外，還可以藉由有助於代謝的飲食生活、促進血液循環的泡澡、按摩、去角質等的保養工作，來促進皮膚的新陳代謝。

直到皮膚脫落為止

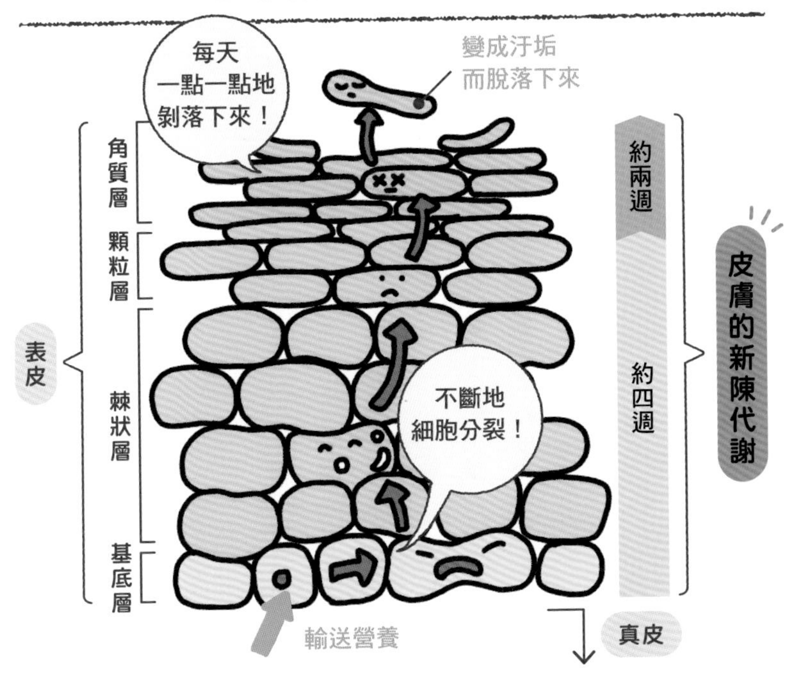

基底細胞不斷地進行分裂，用四週的時間來製造新的細胞，其中大約會用兩週的時間把細胞往上推向角質層。在那之後會變成角質細胞，而停留在角質層約兩週的時間就會變成汙垢脫落下來。

column
Skin

可以清除耳垢嗎？

耳垢是耳朵裡面的角質在脫落之後，慢慢地從耳朵深處往入口位置移動所造成的（稱為外耳道的自淨作用）。這是由皮脂腺分泌出來的皮脂和由汗腺（參照第30頁）分泌出來的汗液混合之後，變成耳垢。而且據說耳垢具有強力的殺菌作用，保護著很薄的外耳道皮膚和鼓膜。

清理耳朵的訣竅

- 頻率為每個月1～2次左右
- 不要將棉花棒插入耳朵直到深處

因為耳垢具有保護耳朵的作用，所以每天清理耳朵是不對的。每個月最多1～2次左右，這點很重要。

血液循環一旦變差，代謝就會下降使肌膚失去光澤！

血流液循環不佳會使皮膚受到各種不同的影響。首先，營養會無法送達皮膚。體溫也會因而下降讓臉色變差，有時嘴唇或指甲的顏色還會變成紫色。再者，皮膚的新陳代謝也會變慢，造成老舊細胞的堆積，使得角質層變厚、肌膚變硬。增厚的角質層會遮擋住光線，讓肌膚的透明感降低，最終造成肌膚看起來變得黯淡無光。因為黑色素也會變得很難排出，所以有時斑點也會增加。

為了防止因血液循環不良所造成的肌膚問題，請多多攝取有益血液循環的食物或保健食品，而按摩之類的保養也非常具有效果。

皮膚裡面分布著許多微血管，血管會延伸到表皮的正下方。微血管的血液供給來源是位於皮下組織的動脈，血液會從這裡一路經由位於真皮的小動脈到達微血管。將營養運送到皮膚之後，血液最終會流回到皮下靜脈。

除此之外，血管還帶有「血管球裝置」的功能，可以改變流向真皮特定部分的血流量，進而調節體溫。當這個裝置運作時，除了可以充分地輸送營養，在寒冷的時候，還能執行「減少血流量以免失去熱能等」這類的工作。

如此一來，流過皮膚的血液擔負著輸送營養、調節並維持體溫的職務。

血液是健康肌膚的關鍵！

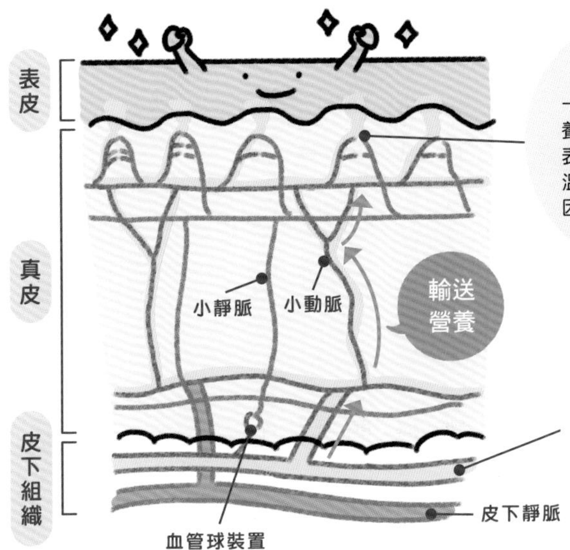

微血管

一旦血液循環不良，營養就會無法輸送到緊臨表皮下方的微血管。體溫降低之後，臉色也會因而變差。

皮下動脈

輸送到皮膚的營養供給來源。因運動不足導致血管老化，或因不規律的飲食生活，致使血液變濃稠，都會讓血液循環變差。

隨著氣溫調節體溫！「血管球裝置」

炎熱時

血管擴張之後血流也會增加，從皮膚全面釋放出熱能。

寒冷時

血管收縮之後血流也會減少，設法不讓熱能從皮膚散失。

「好痛！」、「好熱！」皮膚比腦部更快感受到

人類的大腦運作著繁重的工作，當身體發生緊急的情況時，如果要先將情報傳送到大腦，然後再由大腦發出指令的話會來不及反應。因此，情報會傳送到脊髓，由脊髓對身體發出指令。這叫做「脊髓反射」。

皮膚也具有類似的作用。**當皮膚感受到的「好痛」、「好熱」這類感覺時，因為是緊急的情況，所以不會由大腦而是透過脊髓來讓皮膚快速做出反應。**相對於此，因為身體發癢之類的感覺不具有緊急性，所以會以較慢的速度將情報傳送到大腦，先將情報整理過後，再由大腦送出「撓抓發癢部位」的指令。

此外，皮膚細胞本身也有「痛」、「癢」、「熱」等各種不同的感覺接受器。例如，位於表皮的角化細胞膜內、能夠感受溫度的受體TRPV1，在溫度達到四十三度的時候，就會開始感到「疼痛」。因此，人們才可以在不會造成燙傷的溫度中泡澡。

皮膚當中的受體數量大約和大腦裡的一樣多，具有與大腦不相上下的功能。**藉由肌膚的接觸除了能促進孩童腦部的發育，也能產生催產素、血清素這類的幸福荷爾蒙，這些都已經在科學研究上獲得證實。**皮膚真是具有非常多的可能性。

「好痛」的反應快，「好癢」的反應慢

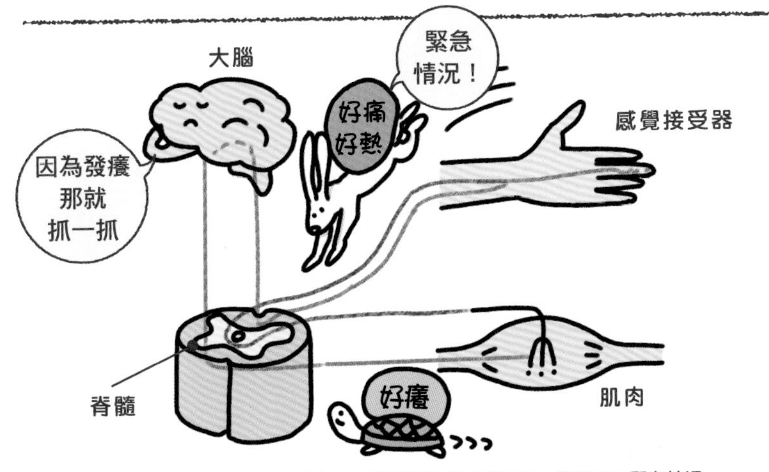

因為疼痛是緊急情況，所以情報會由脊髓送出指令給皮膚。發癢不是緊急情況，所以會經由腦部送出「撓抓發癢部位」的指令。

由皮膚「感受」的各種感覺

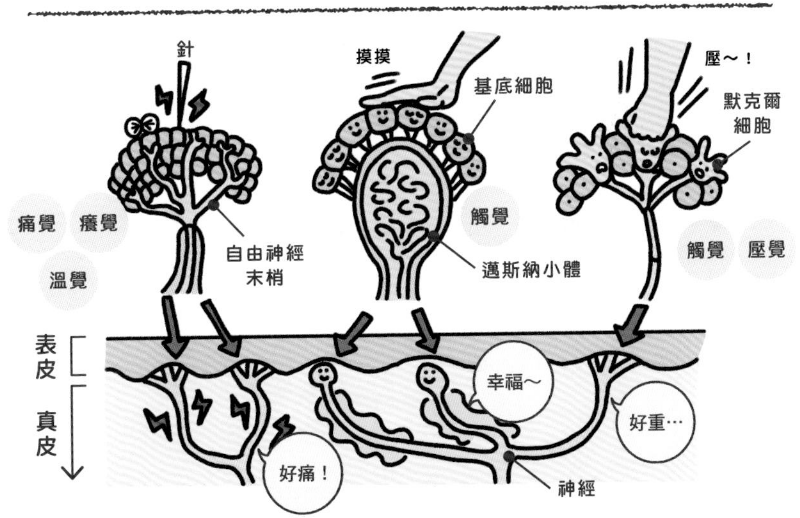

皮膚具有作為感覺接收器的功能，有許多感覺神經分布在真皮裡面。據說氣味和亮度等也是由皮膚來識別的。

皮下脂肪保護身體內部 避免遭受衝擊

皮下脂肪是位於真皮下方的組織層，被夾在真皮和筋膜之間。

雖然有些人可能會對「皮下脂肪」這個名稱感到反感，但是皮下脂肪卻有著非常重要的功用。**其中一個功能是具有緩衝的作用。**如果人體沒有皮下脂肪的話，身體會直接遭受外來的壓力，造成肌肉或骨頭受傷。

還有一項功能是，具有保存體溫、產生熱能的功用；而且在這裡還能囤積可作為能量來源的中性脂肪。

皮膚當中，真皮和皮下脂肪的交界處是最多血液流經的地方，在那裡有著粗血管，而由那裡分支出來的微血管則會流往表皮的方向。

皮下脂肪的厚度會因為身體的部位或者年齡而有所不同。臉頰、乳房、臀部、大腿、手掌和腳掌的部位特別厚，眼皮和嘴唇的部位則會變薄。在新生兒和青春期時，皮下脂肪組織則有發育增加的傾向。

也許有人會認為，一旦瘦下來之後皮下脂肪減少，肌膚就會鬆弛，但是**皮下脂肪和肌膚的緊緻度無關**。雖然皮膚下方是由皮下脂肪加以支撐，一旦減少、萎縮的話，皮膚也會跟著萎縮，但**並不表示這會對肌膚的緊緻程度有所影響**。

沒有脂肪的話會滿身是傷

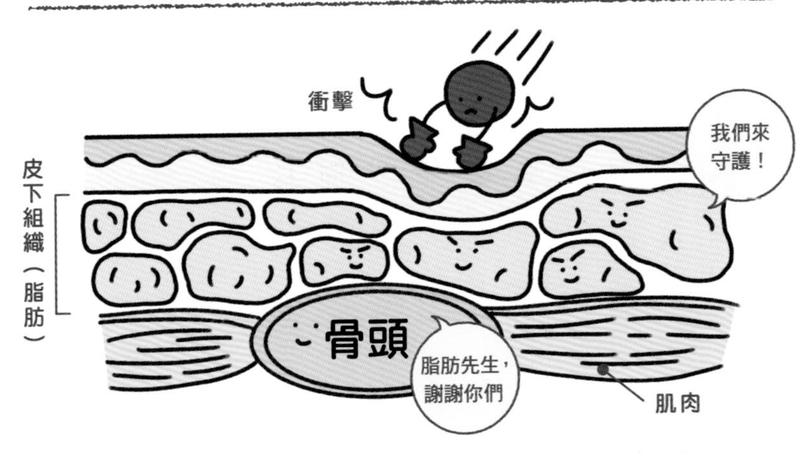

位於真皮下方的是皮下組織。占據皮下組織的大部分是脂肪細胞，具有保護骨頭和肌肉免於衝擊的緩衝功能。

皮下脂肪有多方面的功用

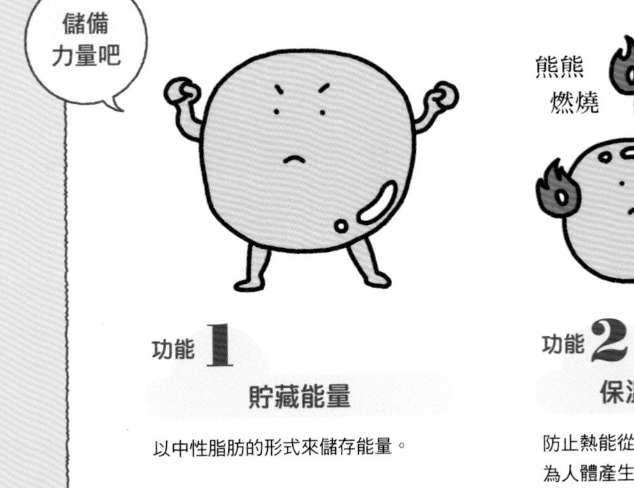

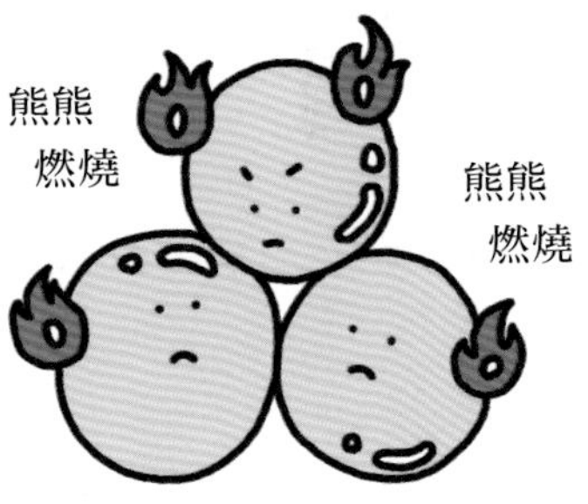

功能 1

貯藏能量

以中性脂肪的形式來儲存能量。

功能 2

保溫、產生熱能

防止熱能從身體散失，並且燃燒脂肪為人體產生熱能。

附屬器官的構造 7

不論是汗液或皮脂，兩者都擔任重要的職務！

流汗除了有調節體溫的功用之外，**還具有排出老舊廢物這項重要的功能。**汗液是由汗腺這個地方所分泌出來的，而位於毛孔某處的汗腺，則分成了外分泌腺和頂漿腺這兩種；頂漿腺的別名叫做費洛蒙腺。

皮脂是在名為「皮脂腺」的地方被製造出來之後，再從毛孔分泌而出。而和汗液混合之後，則會形成皮脂膜覆蓋在身體的表面。

皮脂膜是三大保濕成分之一，可以防止水分從皮膚表面蒸發，保持肌膚的濕潤。此外，因為皮脂膜是弱酸性，所以除了具有抑制雜菌繁殖，還具有減輕外來的物理刺激的功能。

一旦沒有了皮脂膜的保護，皮膚的水分就會蒸發，使得皮膚變得非常粗糙。當洗完手、洗完臉的時候會覺得有粗糙感，就是因為皮脂膜流失的關係。相反的，要是皮脂分泌過多的話，則會形成痤瘡（青春痘）或是變成油性肌膚。

雖然皮脂在清洗流失之後還能夠再分泌，但是嘴唇、手掌、腳掌等部位因為沒有體毛（毛孔）的關係，所以幾乎無法分泌皮脂。**因此為了防止乾燥，嘴唇必須塗上護唇膏，手掌必須塗抹護手霜或凡士林。**

汗液排出廢物，皮脂保護皮膚

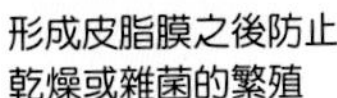

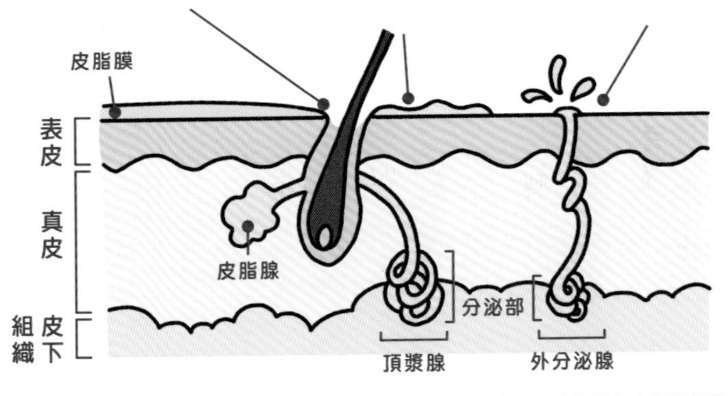

汗液是由汗腺分泌出來，用來調節體溫或排出老舊廢物。皮脂是由皮脂腺製造。
因為皮脂腺緊貼著毛根，所以皮脂會從毛孔被分泌出來。

男性比較容易有油性肌膚嗎？

一般來說，我們都會覺得男性荷爾蒙分泌較多的人，肌膚相對就會比較油膩。因此，常常認為肌膚出油的情形也是以男性居多。但是事實上，並不會因為身為男性，男性荷爾蒙就一定會分泌得比較多。男性荷爾蒙（特別是雄激素）是由腎上腺皮質（腎上腺的外側部分）和睪丸這兩個地方所製造的，也就是說，不論男女都會在體內分泌男性荷爾蒙。而且因為女性在比男性更年輕的時候，男性荷爾蒙的分泌量就會開始增加，所以因油性肌膚而苦惱的人，其實是以女性居多的。順帶一提，因為女性荷爾蒙的關係，印象中女性占多數的肝斑，也會出現在男性身上。

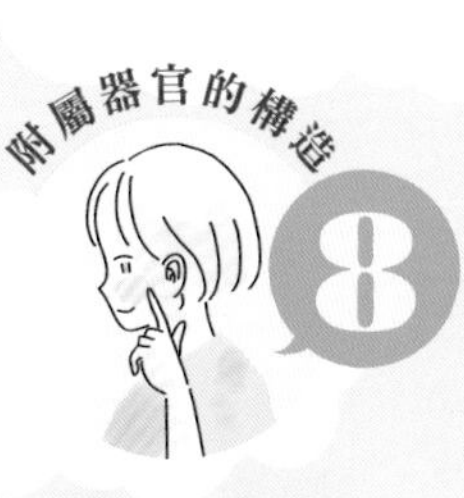

毛髮的功能是「保護身體」，指甲是「健康的晴雨表」

毛髮主要具有四種功用，分別是**調節體溫、避免陽光或紫外線的直射、面對外來衝擊時具有緩衝作用，以及將體內的老舊廢物和有害物質排出體外。**

雖然一般人常認為毛髮基礎的細胞是位於毛根，但實際上卻是位於一個叫做「毛髮隆凸區」的地方（參照第90頁），存在於豎毛肌附著在毛囊的部位。

毛髮的構造從外側開始，由表皮層、皮質層、髓質層這三層構造組成（參照第19頁），表皮層呈透明的鱗片狀，全面包覆毛髮。皮質層當中有黑色素，用來製造毛髮的顏色。髓質層是稱為「角蛋白」的蛋白質組成的。

指甲具有保護指尖、抓住或挖取小東西等等的功用。

此外，腳部的趾甲也擔負穩定腳部支撐身體，步行時在趾尖用力的功用。

位於身體末端的指甲，營養不易送達，據說很容易顯示出身體不適的先兆，因此，又稱為「健康的晴雨表」。

當指甲出現斷裂、乾燥等異常狀況的時候，請試著重新檢視一下身體狀況是否異常，或是飲食的營養是否失衡等也非常重要。

以前的人類渾身是毛

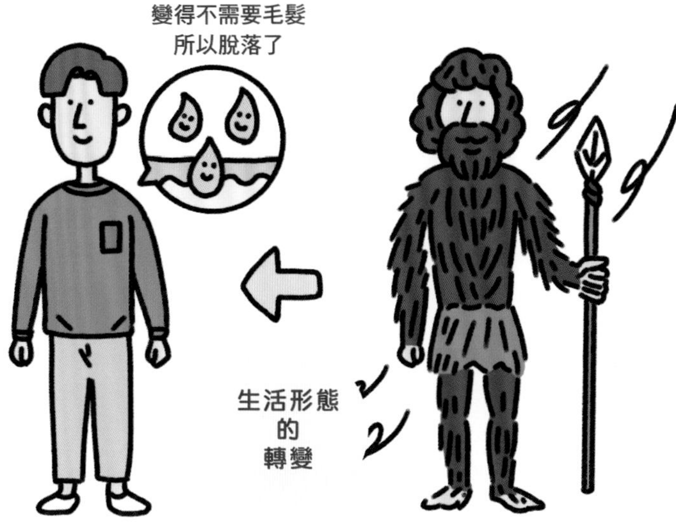

開始穿上衣服後 毛髮完成了任務

雖然變成靠衣服保護身體，體毛完成了它的任務，但為了保護身體避免陽光直射，所以只剩頭髮保留下來。

過去一直保護身體 免於遭受寒冷和衝擊

以前人類就像動物一樣，藉由全身披覆著體毛，保護身體免於冷熱溫差或紫外線的傷害。

column
Skin

為什麼會起雞皮瘩疙呢？

毛髮被包裹在毛囊中，而附著在毛囊上的豎毛肌，在遇到寒冷和恐怖等狀況時會豎起毛髮。寒冷的時候會起雞皮疙瘩，是因為來自交感神經的刺激使豎毛肌收縮，以免熱能散失的緣故。

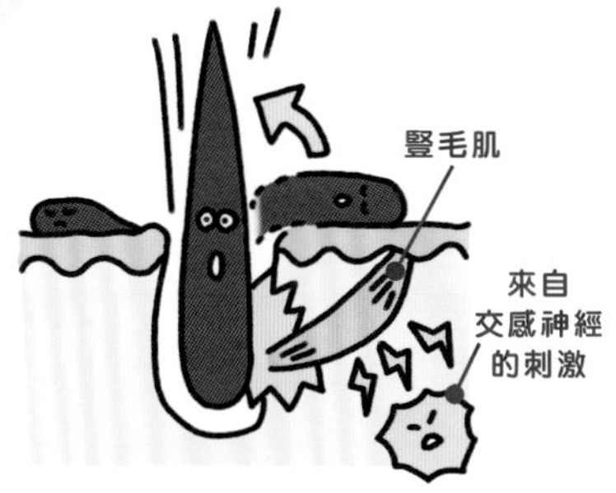

豎毛肌收縮之後，毛髮倒立，毛孔隆起，因而形成雞皮瘩疙。

COLUMN 1

表達人類感情、感覺的「肌膚詞句」

在日文當中，有許多說法都會把「肌」這個字包含其中。看到那些說法，就能了解日文中的「肌」字，是用來表達人際關係和感情的比喻。也許人們從很久以前就隱約認知到「肌膚」是感覺器官之一。

鳥肌が立つ

起雞皮疙瘩。感到害怕或寒冷時，皮膚像鳥類被拔掉羽毛那樣布滿細小顆粒。也會用來表達非常感動等情況。

肌合い

意思是手感、觸覺，或氣質、性情。也用來表達性格的暴躁，或擁有特別的氣魄。

肌が合う

意思是合得來、相處融洽、意氣相投。也叫做「馬が合う」。

肌で感じる

親身體驗。不是在腦海裡想，而是實際去經歷，用身體去感受。

肌に粟を生じる

起雞皮疙瘩。突然被嚇到或吹到冷風時，肌膚產生小米狀的顆粒。與「鳥肌が立つ」同義。

肌身離さず

隨身攜帶。因為某樣東西很貴重，總是不離身地一直帶在身邊。

ひと肌脱ぐ

幫助的意思。為了他人而認真地助一臂之力。

諸肌を脱ぐ

全力以赴。由「脫掉上半身衣服露出肌膚、埋頭處理事物的樣子」而衍生出來的說法。

2

肌膚老化和失調的原因

皮膚的老化有八成是光老化造成的

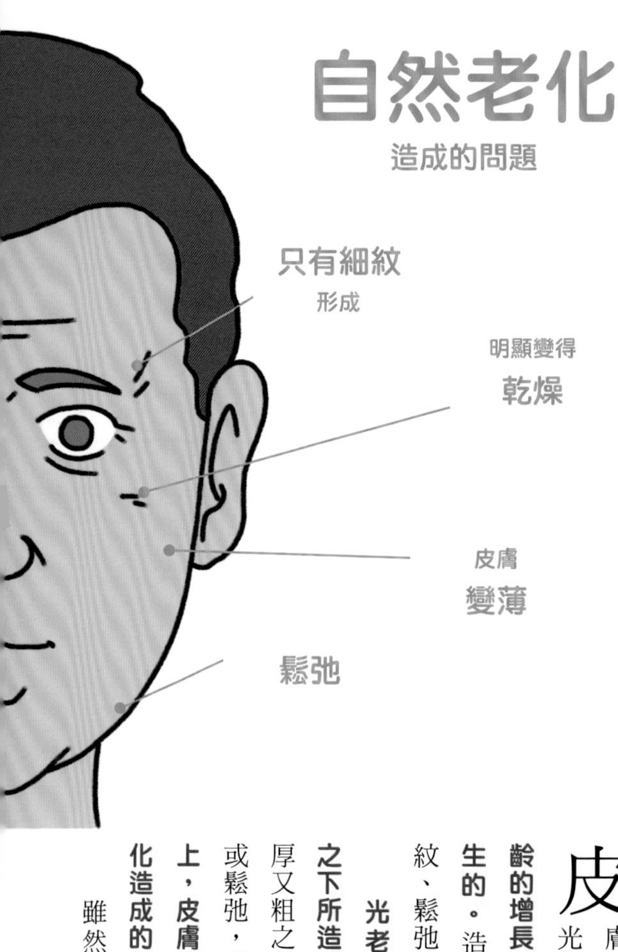

皮膚的老化可分成自然老化和光老化。**自然老化是隨著年齡的增長，生理機能漸漸衰退而產生的。**造成的變化包含有出現細紋、鬆弛，肌膚乾燥而變得粗糙。

光老化是由於暴露在紫外線之下所造成的。除了皮膚會變得又厚又粗之外，還會形成深紋、斑點或鬆弛，膚色也會因而泛黃。**事實上，皮膚的老化現象有八成是光老化造成的。**

雖然我們無法避免隨年紀增

光老化
造成的問題

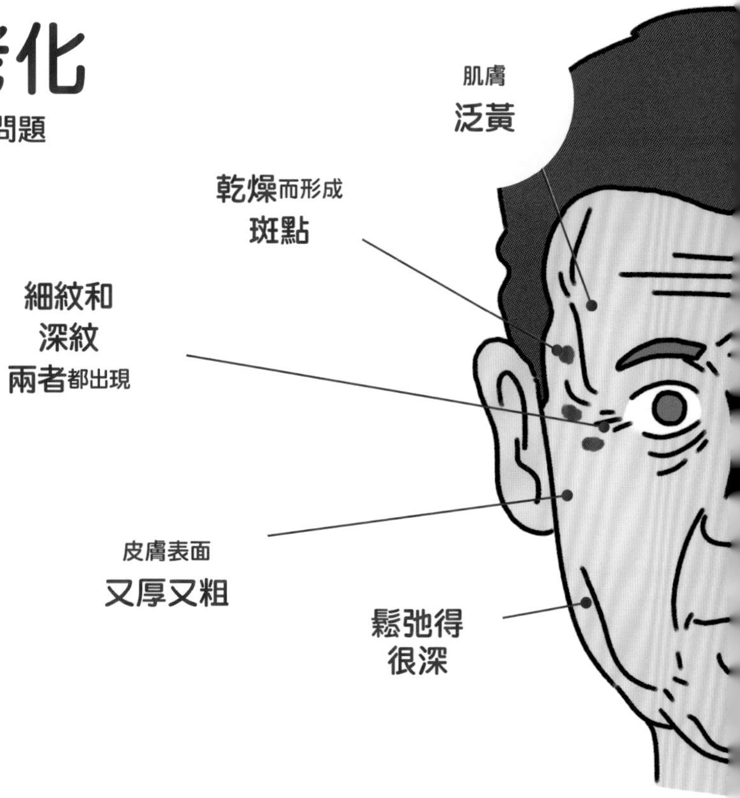

肌膚
泛黃

乾燥而形成
斑點

細紋和
深紋
兩者都出現

皮膚表面
又厚又粗

鬆弛得
很深

長而產生的自然老化，但是卻可以藉由減少暴露在紫外線下的量來防止光老化。**穿戴太陽眼鏡、長袖或長褲，來避免肌膚暴露在紫外線下，或是塗抹防曬乳等，都是有效的方法。**

關於光老化的影響，還有一點希望大家特別注意的就是皮膚癌。紫外線會傷害細胞的ＤＮＡ。雖然細胞中具有修復傷害的功能，但是長年累月一直暴露在紫外線之下的話，有時細胞在進行修復的時候會發生突變，轉化成癌細胞。不過，紫外線也並不是一點益處都沒有，最為大家所熟知的是，在紫外線的照射下，身體能夠自行合成維生素Ｄ。

皮膚老化的原因三兄弟① 生鏽
活性氧造成斑點、皺紋增加

皮膚的細胞氧化我們可以把它稱為皮膚的**「生鏽」**。皮膚的氧化是由於活性氧的產生所造成的，而活性氧還分為「好活性氧」和「壞活性氧」兩種，好活性氧具有保護身體免於受到細菌等有害物質侵害的功能。因此，如果沒有活性氧的話，我們就會無法生存下來。**另一方面，壞活性氧則是會促使身體的老化。以皮膚來說，就會成為形成斑點或皺紋、造成鬆弛、暗沉的原因。據了解，不論是動脈硬化、腦中風或是腦部的老化也都與活性氧有關。**

活性氧也會因為暴露在紫外線中、抽菸、營養不均衡的飲食、睡眠不足或壓力等而大量產生。

一旦活性氧增加太多，皮膚的正常功能便會開始無法運作。

原本，人類的身體當中具備有「去除活性氧的能力＝抗氧化作用」。但是，有時候也會有「抗氧化作用追不上活性氧生成速度」的狀況發生，這種情況則稱為「氧化壓力」。

對於已經產生的活性氧，我們可以藉由攝取抗氧化物質來加以去除。具代表性的抗氧化物質是維生素A、C、E、輔酶Q10、多酚、胡蘿蔔素等，而最近受到矚目的是氫。**據了解，氫的效果是維生素C的一百倍。**

壞活性氧會使皮膚生鏽

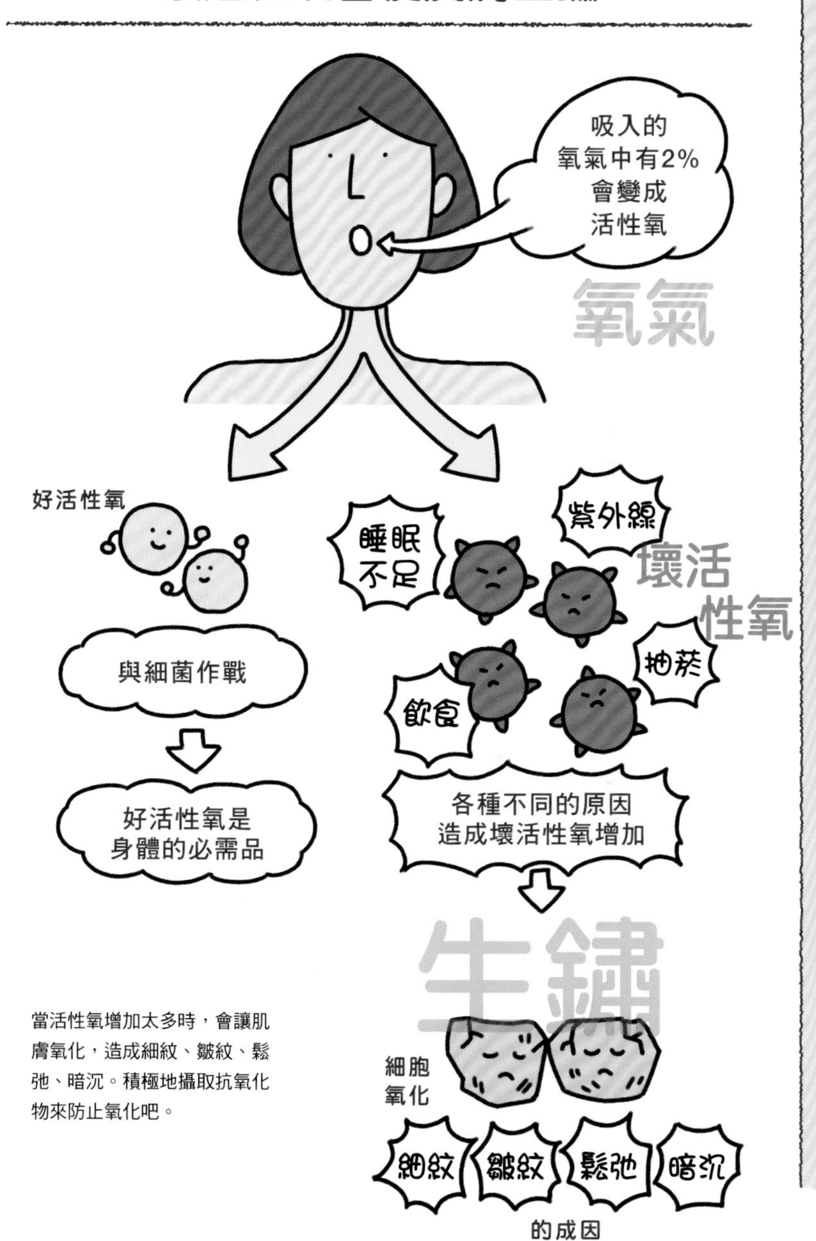

當活性氧增加太多時，會讓肌膚氧化，造成細紋、皺紋、鬆弛、暗沉。積極地攝取抗氧化物來防止氧化吧。

皮膚老化的原因三兄弟② 燒焦
糖質會造成皺紋和鬆弛

我們將皮膚的糖化稱為皮膚的**「燒焦」**。所謂的「糖化」指的是，因為飲食等而過度攝取的多餘糖分，在與蛋白質（製造肌膚彈性的膠原蛋白和彈力纖維）結合之後生成了糖化終產物（AGEs）※。**AGEs的累積會引起斑點、皺紋、暗沉、鬆弛等肌膚老化的問題**。據了解，糖尿病也是糖化所造成的，而阿茲海默型失智症也會因糖化而更為惡化。因為AGEs會大量消耗有益肌膚的維生素，尤其是具有抑制痤瘡功能的維生素B群，所以也會釋放出使痤瘡惡化的情報。此外，一旦發生糖化，會使得血管壁失去彈性，進而讓血流變得不暢通。造成的結果就是營養會很難送達肌膚，造成新陳代謝的週期瓦解等問題。

預防糖化的方法和預防糖尿病相同。其中一個是避免食用過多的甜食，而另一個方法是，要避免血糖值急速上升。多食用具有抑制糖化反應功能的黃綠色蔬菜、充足的睡眠或鍛練肌肉，也都能夠有效防止糖化。

糖化與氧化有著密不可分的關係。當氧化程度愈高的時候，糖化程度也會隨之變得愈高。因此，抑制氧化的抗氧化物質對於抑制糖化也同樣具有功效。

因攝取過多的糖分使身體燒焦

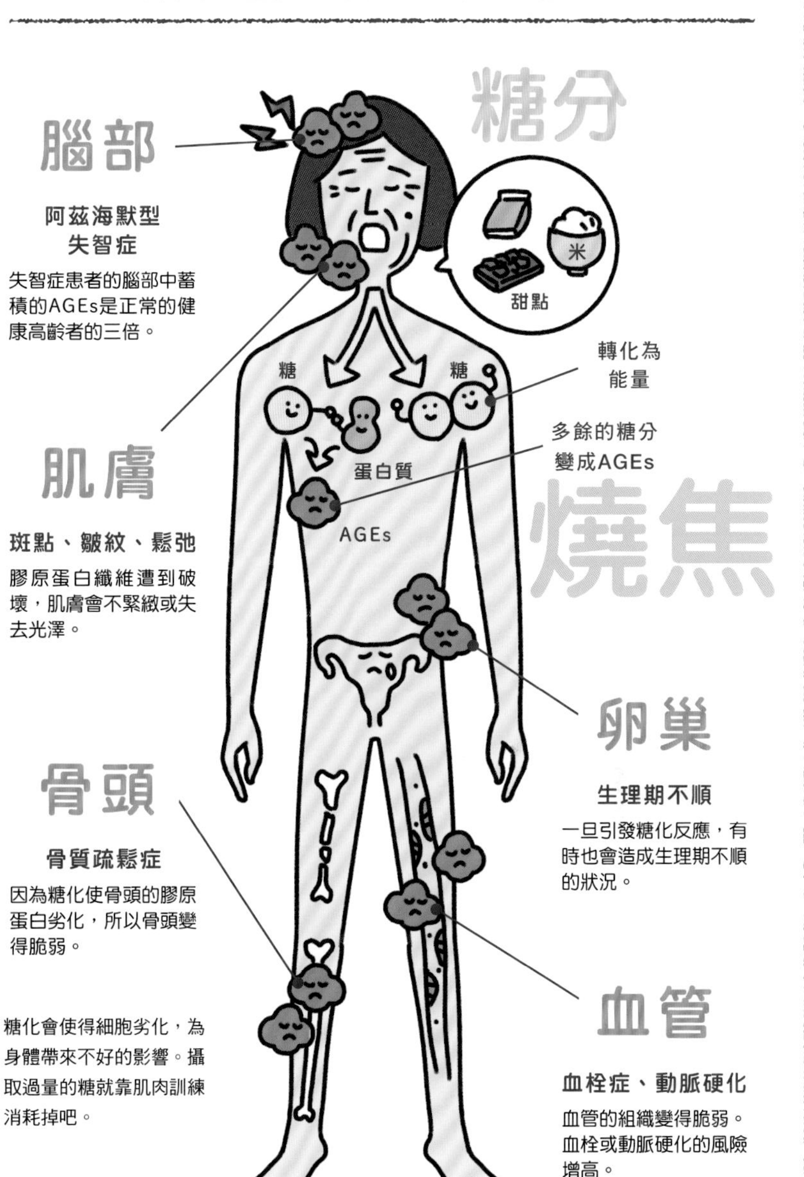

糖化會使得細胞劣化，為身體帶來不好的影響。攝取過量的糖就靠肌肉訓練消耗掉吧。

※AGEs：Advanced Glycation Endproducts

皮膚老化的原因三兄弟③火災
「好癢！」是發炎的徵兆

當皮膚發紅、發熱、腫脹、疼痛&搔癢這四個症狀全都出現的時候，就是產生了所謂的**「發炎（炎症）」**。異位性皮膚炎、牙齦炎或胃炎、關節炎、腎炎、胰臟炎等也全都是發炎。據說只要能控制體內不產生發炎就不會生病，發炎與各種疾病的產生有關。

發炎就像是發生在體內的火災一樣，與氧化、糖化有密切的關係。皮膚發生炎症的話，會從那個部位產生活性氧造成氧化。接著，氧化又會促進發炎產生活性氧，進而使得發炎惡化，陷入負面的連鎖反應當中。此外，因糖化反應而產生的AGEs，會分泌出細胞激素※這種物質來引起發炎。因為發炎會伴隨著搔癢，而撓抓過的地方又會產生活性氧，使得糖化和發炎更加惡化，就這樣形成惡性循環。

如果想從中停止這個惡性循環的話，最有效果的就是從發炎下手。因為糖化或氧化沒有可以控制的藥（可藉由改善生活習慣或補充保健食品等改善症狀，但無法完全防止），但是**發炎卻可以藉由藥物來加以治癒。**而這個藥物的代表就是類固醇，雖然有很多人誤以為類固醇很可怕，但是如果能正確使用的話，是一種效果非常顯著的治療藥物（參照第146頁）。

發炎所引起的負面連鎖反應

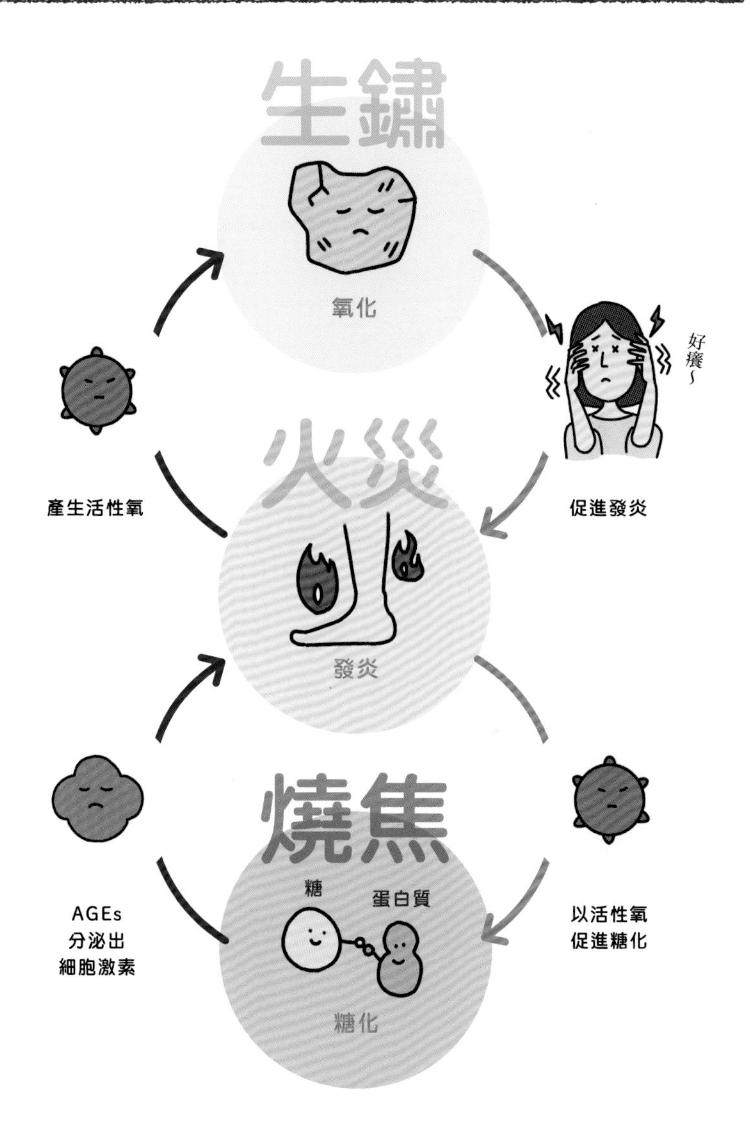

※細胞激素有IL-31、IL-4、IL-5、IL13等各種不同的種類，這些會引起發炎。這些細胞激素不論哪一種，都對異位性皮膚炎有很大的影響。

失調的原理 5

搔癢也可能是皮膚以外的異常所引起

搔癢的種類

搔癢的原因可分成皮膚的異常或皮膚以外的異常。
原因是中樞性搔癢的會搔抓皮膚，有時也會出現二次性濕疹。

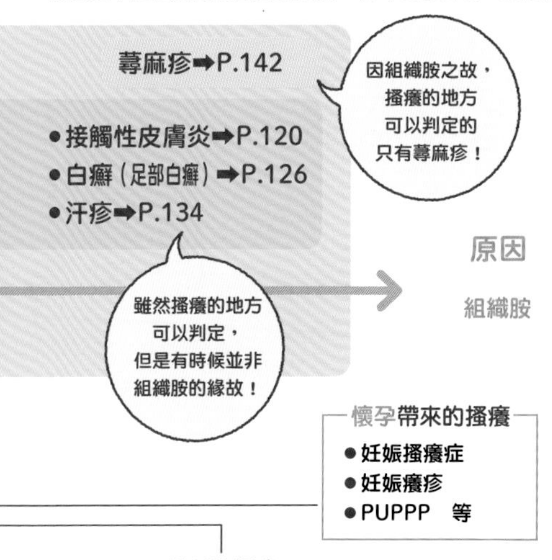

懷孕帶來的搔癢
- 妊娠搔癢症
- 妊娠癢疹
- PUPPP　等

藥劑性搔癢
- 嗎啡
- 抗焦慮劑
- 非類固醇消炎藥 等

搔癢有兩種，**一種是因皮膚的異常所產生的「末梢性搔癢」，另一種是因皮膚以外的異常所產生的「中樞性搔癢」。**

末梢性搔癢可以判定出現搔癢的地方。一旦皮膚有異常或刺激現象，肥大細胞（一種免疫細胞）就會察覺到訊息，然後會釋放出組織胺這種物質，將搔癢的訊息傳送到腦部。在我們搔抓發癢的部位之後，則會再次釋放出組織胺，於是就變得更癢了。

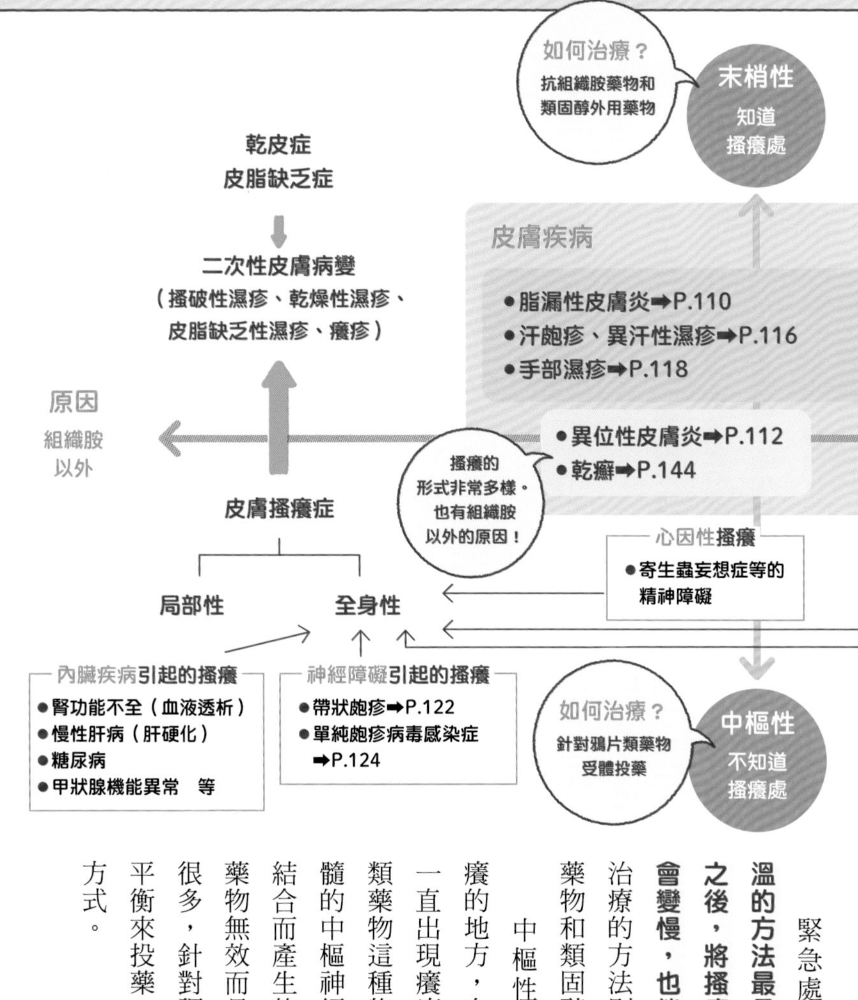

緊急處理的方法以**讓患部降溫的方法最具有效果。當血管收縮之後，將搔癢傳送到腦部的速度就會變慢，也能抑制組織胺的作用。**治療的方法則是以內服的抗組織胺藥物和類固醇外用藥物為主。

中樞性搔癢無法判定出現搔癢的地方，在身體的各處或全身會一直出現癢癢的感覺。這是由鴉片類藥物這種物質，與位於腦部或脊髓的中樞神經裡的鴉片類藥物受體結合而產生的症狀。使用抗組織胺藥物無效而且很難治癒的搔癢疾病很多，針對調整鴉片類藥物受體的平衡來投藥，漸漸成為主要的治療方式。

為何壓力會造成肌膚問題呢？

有句話說：「**皮膚是心靈的鏡子。**」指的是我們的皮膚是很容易因外部、內部環境的變化（壓力）而受到影響的器官，非常容易就會顯現出心理的狀態。異位性皮膚炎、乾癬、痤瘡、圓禿、搔癢或皮膚屏障功能低落等等，多半都是因心理狀態對皮膚造成影響所產生的疾病或症狀。話雖如此，但這些皮膚疾病隨著壓力而惡化的機制還沒有完全明朗化。

一般認為，皮膚會使「神經系統」、「內分泌系統」以及「免疫系統」等三個系統相互協作、產生作用以抵禦壓力，讓身體經常保持在最適當的狀態。

當人體察覺到壓力的時候，腦部的大腦皮質會最先接收到訊息，接著再透過下視丘，分別循著自律神經系統和內分泌系統的管道來傳達訊息。內分泌系統這個管道，會由位於腎上腺的腎上腺皮質急速分泌出皮質醇，以這種物質來抵禦壓力。自律神經系統的方面，則是會由交感神經快速分泌出正腎上腺素，設法來對抗壓力。一旦這樣的狀態持續下去，讓體內的荷爾蒙失去平衡，就會造成免疫力下降或過度的失控。**知覺神經或表皮細胞會產生過敏，引起過敏反應增強或皮膚症狀惡化。**

直到壓力造成肌膚問題

紓緩壓力的
三大荷爾蒙

1 血清素
2 催產素
3 多巴胺

增加這三種荷爾蒙，減輕壓力吧！

增加三大荷爾蒙的方法
⇒P.105

內分泌系統

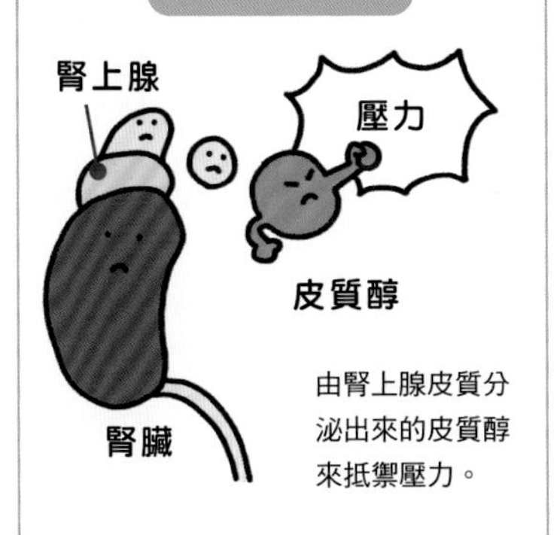

由腎上腺皮質分泌出來的皮質醇來抵禦壓力。

自律神經系統

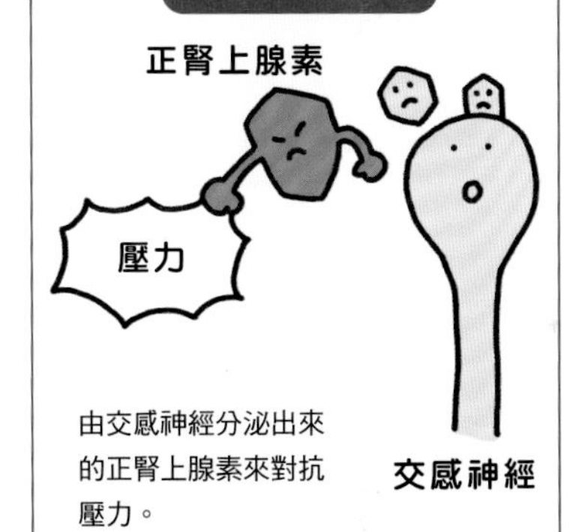

由交感神經分泌出來的正腎上腺素來對抗壓力。

免疫系統

荷爾蒙失去平衡之後，造成免疫力下降

搔癢、皮膚粗糙的症狀變得很嚴重

皮質醇也被稱為「壓力荷爾蒙」。

腸道內產生的腐敗物質會造成肌膚乾燥

腸道內有許多細菌。細菌可分為好菌、壞菌、日和見菌（可以變成好菌，也可以變成壞菌），這些細菌維持恰到好處的平衡（2：1：7），就是健康的腸道狀態。

然而，要是因為偏重肉食的飲食生活、睡眠不足、壓力等，使得腸內細菌的平衡崩壞的話，除了會造成便祕之外，壞菌也會增加，蓄積有毒氣體、活性氧或腐敗物質等。這些狀況不僅會讓腸內的環境惡化，如果透過血液運送到全身的話，也會對皮膚帶來不好的影響。**除了會讓肌膚的新陳代謝變慢，產生斑點、皺紋、鬆弛，還會使得免疫力下降，引起過敏等皮膚病。腸道問題會直接引發皮膚問題，因此調整腸道也是在調整皮膚。**

雖然年紀的增長有時也是引起腸內環境混亂的原因，不過我們可藉由規律的正常生活、營養均衡的三餐、適度的運動來改善。**請積極地在日常飲食中攝取增加好菌的食品吧。**優格、味噌、乳酪、辛奇（韓國泡菜）等發酵食品，豆類、香蕉、大蒜、蜂蜜等含寡醣食品，以及富含食物纖維的蔬菜、海藻類或蕈菇等，都是相當具代表的食物（參照第99頁）。此外，**運動、腹部按摩，或是不累積壓力，放鬆心情過日子也都很重要。**

壞菌擾亂皮膚的新陳代謝

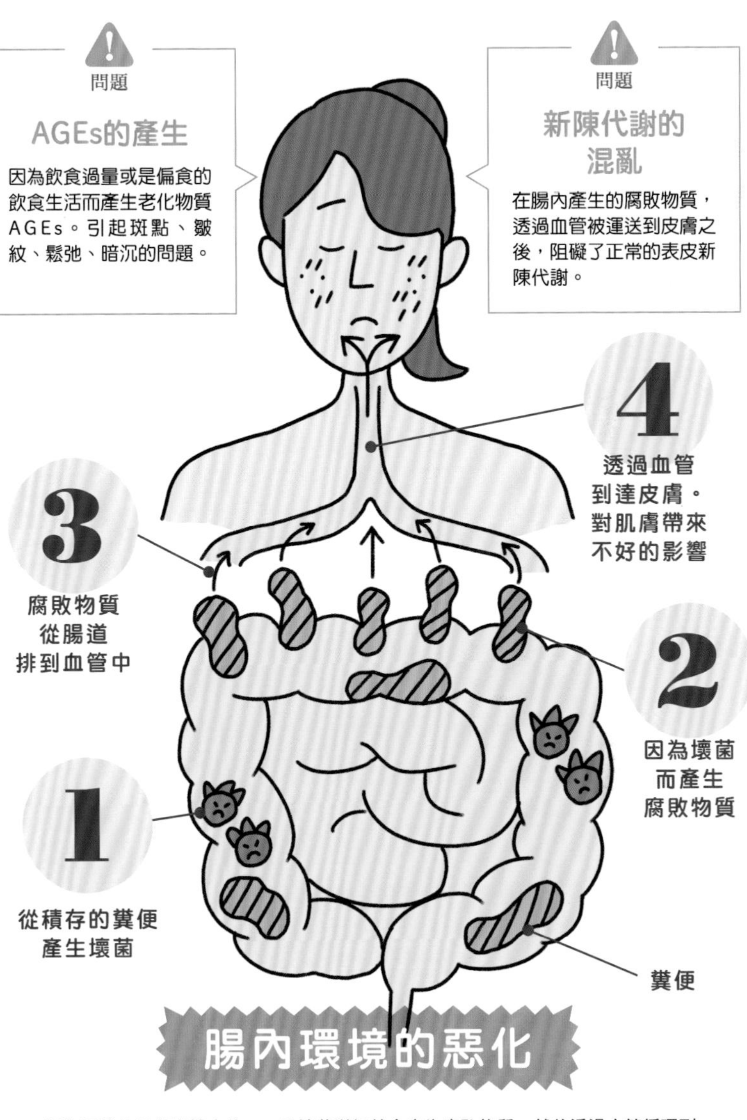

腸內細菌的平衡崩壞之後，一旦壞菌增加就會產生腐敗物質，然後透過血管循環到全身，引發皮膚的問題。腸道問題與皮膚問題有直接的關係。

雌激素會增加肝斑、引起搔癢!?

雌激素是一種女性荷爾蒙，也叫做卵泡荷爾蒙。**它也被稱為「美的荷爾蒙」，對肌膚而言是全然有益的荷爾蒙。**舉例來說，它具有的作用包含了促進皮膚屏障功能，維持濕潤、緊緻或彈性，抑制皺紋的形成，促進毛髮生長等。同時，還有促進新陳代謝、提升免疫力的效果。

不過，根據研究指出，雌激素很可能是造成肝斑（一種斑點。以左右對稱顯現）形成的原因。在形成肝斑的黑色素細胞（參照第21頁）中具有雌激素的受體，讓雌激素不巧地活化了黑色素細胞。雖然服用低量雌激素的藥丸，據說會讓肌膚變漂亮，但是同時又很容易會長出肝斑，所以必須特別留意這一點。此外，由近年的研究得知，雌激素會刺激傳達搔癢訊息的脊髓神經傳達物質受體，增強搔癢的感覺。像是女性在懷孕期之類的情況下，當女性荷爾蒙大幅度變動的時候，似乎就經常會出現搔癢感。

女性大約在四十五歲之後，雌激素就會急速地減少。**豆腐、豆漿之類的黃豆製品，以及含有維生素B6、E的食材等，都是具有和雌激素相似作用的食品或保健食品，請在日常飲食中適量地攝取補充吧。**

雌激素為肌膚帶來的好處

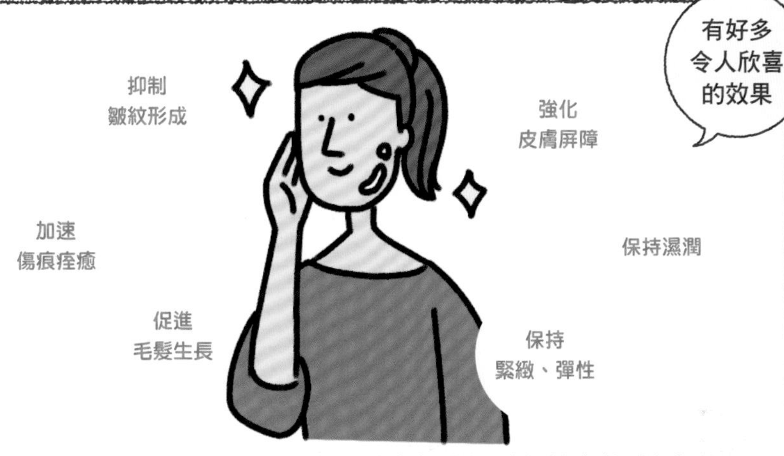

雌激素被稱為「美的荷爾蒙」，對美肌貢獻良多。對於促進新陳代謝或提升免疫力也頗有助益。

但是，雌激素也會造成肝斑的增加

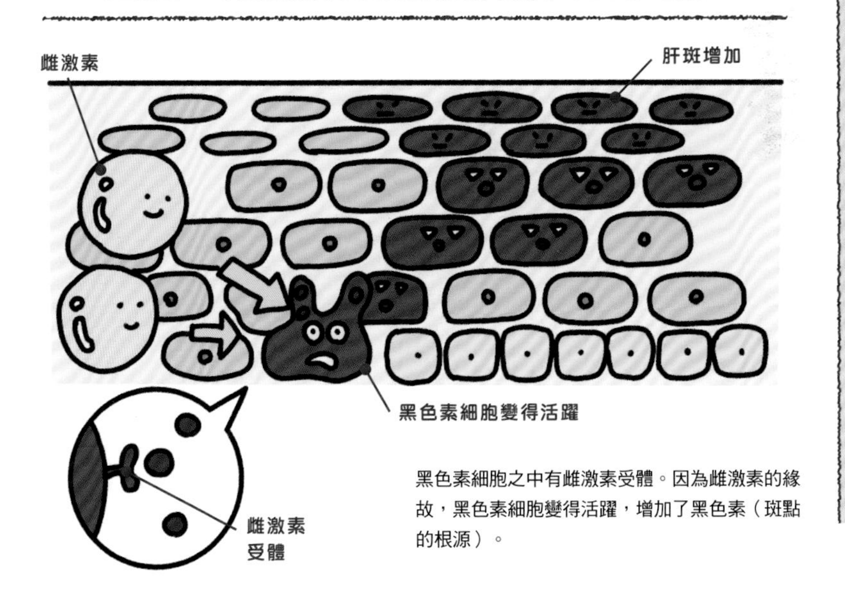

黑色素細胞之中有雌激素受體。因為雌激素的緣故，黑色素細胞變得活躍，增加了黑色素（斑點的根源）。

口罩生活引起三種肌膚問題

因為新冠肺炎疫情的影響，配戴口罩已經成為日常生活的一部分，而因為口罩的緣故，肌膚問題也變多了。

口罩對於皮膚造成的不良影響主要有三個。一是因為口罩的材質不適合肌膚，所以引起**紅疹**等肌膚粗糙的問題。第二個影響是口罩帶走了皮膚表面的皮脂，所以皮膚變**乾燥**了。也許有人會以為，戴上口罩之後呼吸的氣息都悶在口罩裡面，可以感受到濕度很高，所以皮膚能夠保濕，但是事實卻剛好相反。**因為口罩底下變成悶熱潮濕的狀態，所以皮膚的屏障功能低落，還不如說戴口罩會讓皮膚很容易變得乾燥。**必須比平常更加強保濕才行。

第三個影響是**口罩痘**的增加。因為口罩造成皮膚的屏障功能下降，以及不衛生的環境，所以變得很容易形成大多是伴隨著發炎的痤瘡。

此外，因口罩和皮膚接觸而產生摩擦，也成為膚色暗沉或長斑點的原因。

除了肌膚粗糙之外，還有一個影響是希望大家注意的，那就是表情肌的衰弱。當我們戴上口罩之後，臉部表情會變得少，交談也會比較節制，久而久之會變得很少使用到臉部的肌肉。因為沒有使用的肌肉變衰弱，所以就造成法令紋或肌膚鬆弛。請刻意地活動表情肌，為它進行這類的保養吧。

口罩造成的肌膚粗糙

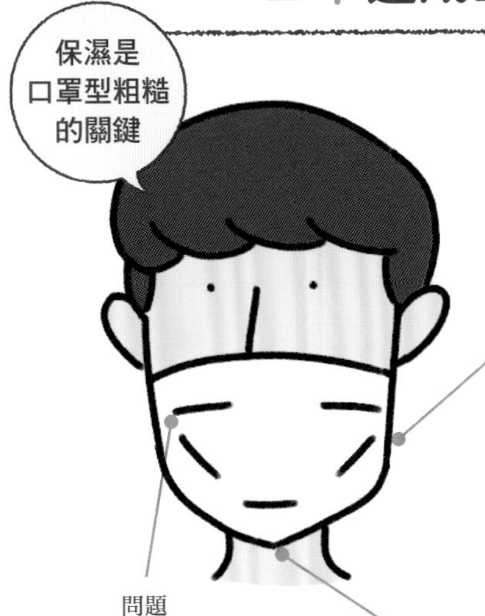

問題

口罩疹的發生

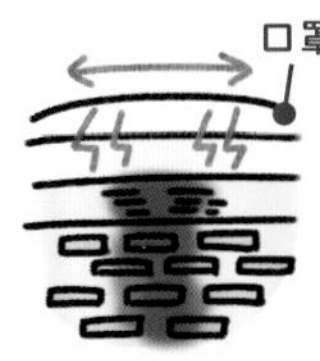

口罩的材質不適合肌膚，或是因為摩擦造成的刺激，肌膚起了紅疹。

問題

屏障功能低落所造成的乾燥

皮膚悶在口罩裡面，屏障的功能下降。水分都蒸發了。

問題

口罩痘的增加

屏障功能低落或口罩內不衛生的環境使得痤瘡增加。

在戴上口罩之前先塗抹保濕劑保護肌膚，戴過口罩之後要確實地洗臉，充分做好保濕。如果長出痤瘡了，請諮詢皮膚科專科醫師吧。

肌膚乾燥時使用保濕劑組合保養

變乾燥的肌膚很容易會變粗糙，失去皮脂的角質層會變得像沙漠狀態一般。保濕的保養工作請務必使用化妝水和乳液的組合確實進行。化妝水以50元硬幣大小×10次的分量滲入肌膚裡，然後再充分地抹上乳液。

〈有益肌膚的保濕訣竅〉

- 以膚質分類的塗抹保養訣竅 ⇒ P.75
- 化妝水、乳液的塗抹方法 ⇒ P.77
- 對皺紋有效的保濕方法 ⇒ P.79

COLUMN
2

痤瘡和膿瘡的差別

很多人經常會把痤瘡誤認為是「膿瘡」。不過實際上，膿瘡是因為細菌從毛孔的外側侵入後，導致皮膚因感染到細菌而引起發炎的症狀。病名是毛囊炎。

相對於此，痤瘡是因為由皮脂腺分泌出來的皮脂將毛孔堵塞住，導致細菌繁殖所引起的。病名叫做尋常性痤瘡（參照第132頁）。膿瘡的起因是由身體的外部所引起，而痤瘡的起因則是由身體內部引發的，所以兩者大不相同。

膿瘡是在毛孔的所在位置產生發紅、積膿的皮膚隆起現象，有時會有單獨1～2個比較大的膿包，並且還會伴隨著疼痛。

痤瘡則多數是比較小的隆起，分布的範圍也會較為廣泛，如果沒有伴隨發炎的話，就不會感到疼痛。一開始會是由毛孔的小堵塞開始（面皰），等到發炎之後就會長成積膿的紅色痤瘡（發炎性痤瘡）。這個階段的痤瘡，乍看之下很難和膿瘡有所區別。等到面皰散布在發炎性痤瘡的周圍，就能診斷為痤瘡。

不論是膿瘡或是痤瘡，兩者的治療法都是一樣的，基本上就是皮膚要經常保持乾淨的狀態，並且還要塗抹抗菌藥物。就膿瘡而言，在痊癒之後治療就算是結束了。但是痤瘡的狀況就不一樣了，有時候在痊癒之後，皮脂的分泌還是會很旺盛。因為面皰有可能會再長出來，所以必須持續進行肌膚保養的工作。

基本上要做到每天用洗面乳洗臉兩次，然後充分地做好保濕，並且持續維持規律正常的生活。

3

人人都能做到的每日肌膚保養

我是什麼膚質？

以類型區分膚質檢測

膚質類型是依照含水量、皮脂量、屏障功能
這三個衡量標準，區分成七個類別。
讓我們進行適合自己膚質類型的肌膚保養，
以更健康的肌膚為目標吧。
請在符合自己狀況的項目做記號，
做記號的項目比較多的類別就是您的膚質類型。
如果有兩個以上的膚質類型，做記號的項目都一樣多，
請參照下圖，選擇皮膚屏障功能較弱的類型。

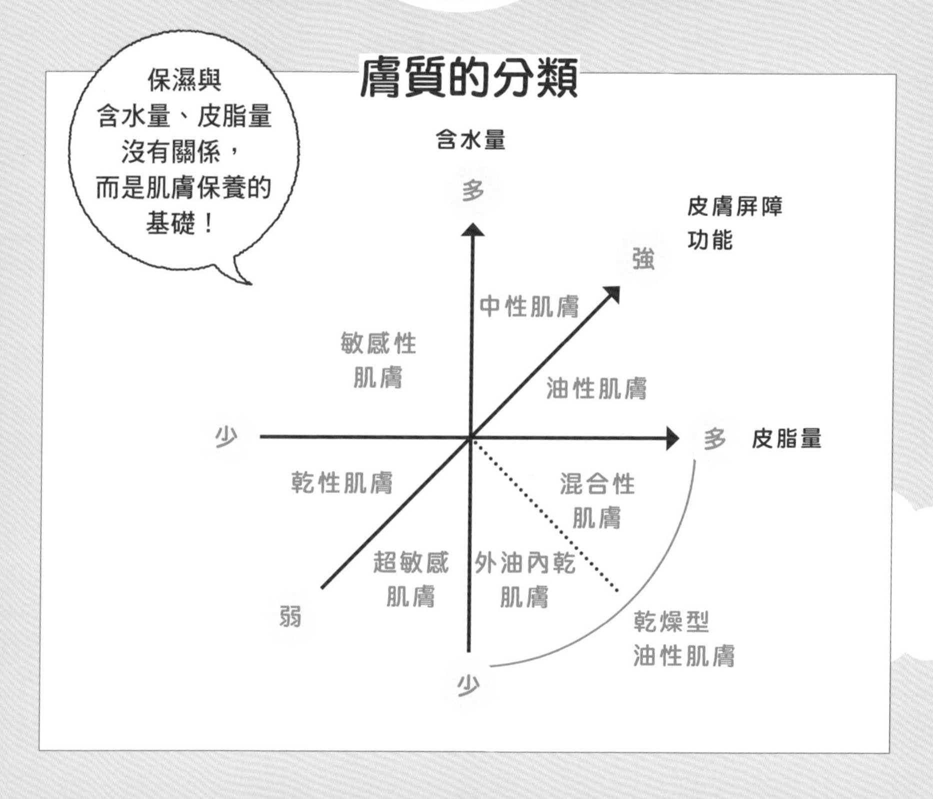

中性肌膚 ▶ 濕潤的肌膚。也不怕肌膚問題

- ☐ 光滑的觸感
- ☐ 用手掌按壓，拿開手掌時皮膚會黏住手掌
- ☐ 白天不需擔心出油、黏膩
- ☐ 肌膚不容易出問題
- ☐ 即使更換基礎化妝品也不太會感受到刺激
- ☐ 洗完臉時不會覺得緊繃

油性肌膚 ▶ 皮脂量很多。保濕能力很高，不怕紫外線等

- ☐ 肌膚表面有油光，有油膩感
- ☐ 睡醒時肌膚特別黏膩
- ☐ 洗完臉之後立刻冒出皮脂
- ☐ 避免使用油分多的乳液或乳霜（使用的話會很黏膩）
- ☐ 肌膚硬硬的（表面硬，不柔軟）
- ☐ 妝容很容易花掉
- ☐ 很容易長痤瘡、小疹子
- ☐ 常吃油膩的食物或速食

乾性肌膚 ▶ 皮脂量少 保濕能力也低 不耐紫外線等

- □ 觸碰肌膚時有粗糙感
- □ 起床後覺得肌膚有粗糙感
- □ 洗完臉有緊繃感
- □ 即使抹上化妝水也立刻就變緊繃
- □ 粉底液或防曬乳很難推勻
- □ 擔心細紋
- □ 冬天時臉上有白色皮屑
- □ 不容易長痤瘡

乾燥型油性肌膚

外油內乾肌膚 ▶ 濕潤度不足 但油脂量高

- □ 有毛孔張開的感覺（肉眼清晰可見）
- □ 才剛洗完臉時肌膚有粗糙感
- □ 洗完臉之後才過一陣子就變得黏膩
- □ 保濕力高的保養用品太滋潤了，覺得苦惱
- □ 偏愛清爽系的化妝品
- □ 長出痤瘡時不易痊癒
- □ 細紋很多
- □ 肌膚不緊緻，有鬆弛的感覺

乾燥型油性肌膚
混合性肌膚 ▶ 黏膩和粗糙的部位混合在一起

- □ 嘴周、眼周、臉頰很乾燥
- □ T字部位（眉毛上方、鼻梁）很黏膩
- □ 臉孔邊緣容易長痤瘡
- □ 即使長痤瘡，嘴周、眼周還是很乾粗
- □ 相同的部位會反覆地長痤瘡
- □ 鼻翼周圍、法令紋泛紅

敏感性肌膚 ▶ 容易長紅疹 對搔癢很敏感

- □ 肌膚容易出問題
- □ 對於第一次使用的化妝品，肌膚容易長紅疹
- □ 化妝長紅疹的話不易痊癒
- □ 使用化妝水，滲入肌膚時有刺痛感
- □ 設法不使用洗面乳
- □ 擔心肌膚粗糙或緊繃

超敏感肌膚 ▶ 對於一切的刺激 都很敏感，而且容易粗糙

- □ 肌膚容易出問題
- □ 沒有適合肌膚的保養用品、化妝品
- □ 被說是異位性體質
- □ 基礎化妝品大部分都會產生刺痛感
- □ 全身容易產生搔癢

清洗的肌膚保養 1

只用熱水清洗是美肌的關鍵！
洗淨全身的訣竅

為了保持肌膚的健康狀態，首先浸泡在浴缸裡，讓體垢變得比較容易脫落，然後再依照頭部⇓臉部⇓身體的順序清洗。這樣做是為了防止洗髮精沒有沖乾淨，殘留在身上的緣故。**使用三十八至四十度左右的溫水，浸泡在浴缸裡約十分鐘，如果浸泡太久的話，會讓肌膚的保濕成分流失。**此外，熱水會讓血管擴張、刺激神經，所以會讓身體發癢。只要搔抓過後就會覺得更癢，變得更是停不了手，因此患有異位性皮膚炎的人一定要多

1 浸泡在浴缸裡

浸泡在38～40度的溫水之中。如果只能淋浴，水壓要調弱一點對肌膚比較有益。

2 清洗頭部

沖洗乾淨到
頭髮滑過指間
澀澀卡卡的！

先洗頭髮，以免洗髮精殘留在身上。仔細地用清水沖洗乾淨。

3 清洗臉部

皮脂多的部分使用磨砂皂清洗也沒關係。不過，清洗的動作要輕柔。

4 清洗身體

不要用力搓洗。清洗背部時最好使用對肌膚觸感輕柔的（日本）手拭巾。

加注意。

也有人因為泡澡流汗的關係，身上冒出小小的濕疹，出現「膽鹼型蕁麻疹」的症狀（參照第142頁）。

過度清洗會導致肌膚的「皮脂」、「神經醯胺」、「天然保濕因子」等三項保濕成分流失，有時還會造成乾性肌膚的產生。**使用肥皂清洗身體要以一天一次為限，第二次之後請只用熱水清洗就好。**

用力搓洗身體的動作也要有所節制，因為摩擦會造成色素沉澱，使得肌膚的顏色變暗沉。清潔身體的訣竅是，要先把洗淨劑充分搓揉到起泡的狀態，接著再以用泡沫撫摸身體的方式來清洗。

矽靈洗髮精真的會阻塞毛孔嗎？

矽靈含有矽元素，是多種矽氧化合物的統稱。

有些人對於矽靈洗髮精的印象是，矽靈會阻塞頭髮的毛孔，累積在頭皮上的話可能對身體造成傷害，但實際上**只要仔細地沖洗乾淨，就不會發生矽靈堵住毛孔之類的情況，因而成為發生皮膚炎的原因**。而矽靈累積在頭髮上會導致健康受損，當然也沒有這回事。

矽靈洗髮精的優點在於矽靈可以將髮絲包覆住，發揮保護角質層的功能，讓頭髮在洗完之後變得滑順。

缺點則是因為矽靈的包覆效果，會使得燙髮劑或染髮劑等變得不易滲透髮絲。

喜歡頭髮滑順的人，建議您使用矽靈洗髮精，而對於頭髮一旦滑順之後，就變得扁塌而髮量感覺不多的人，則建議使用無矽靈洗髮精。**依照自己想要的髮質狀態，來選用添加矽靈或無添加矽靈的洗髮精就可以。**

關於洗髮精或護髮劑的使用，必須注意的是洗後殘留的問題。背部痤瘡等的肌膚粗糙，主要是由於洗髮精或護髮劑沒有沖洗乾淨，殘留在皮膚上所導致的。

此外，溫度高的熱水會帶走皮脂。擔心頭皮乾燥的人，請用溫水沖洗乾淨。蓮蓬頭的水壓最好也調弱一點。

依照髮質選用矽靈、無矽靈洗髮精

矽靈洗髮精

洗後效果

手指可順利梳開
滑順的頭髮

含有矽元素，矽靈可以保護角質層。想要頭髮擁有光澤又滑順的人，建議使用矽靈洗髮精。

注意

缺點是矽靈包覆的髮絲會不利於染髮劑或燙髮劑的滲透。

無矽靈洗髮精

不含矽元素。對於髮絲細、髮量少的人，建議使用無矽靈洗髮精。

注意

因為沒有包覆髮絲的效果，吹風機或整髮器的熱力會直接傳達到髮絲，頭髮很容易受到損害。

矽靈洗髮精的辨識方法

保濕洗髮精

注意事項●頭皮有傷口、腫塊、濕疹等異常狀況時請勿使用。●出現刺激等異常狀況時，請停止使用，並且向皮膚科醫師等諮詢。●如不慎流入眼睛，請立即以清水沖洗。

成分：水、十二烷基硫酸鈉、乙二醇二硬脂酸酯、聚二甲基矽氧烷醇、椰油醯胺丙基甜菜鹼、荷荷芭油、水解玻尿酸、玻尿酸鈉、蘆薈萃取液、椰子水、檸檬酸、氯化鈉、瓜兒膠羥丙基三甲基氯化銨、椰油醯胺、精胺酸、卡波姆、十二烷基苯磺酸TEA鹽、硫酸TEA鹽

沒有商品上面會標示出裡面添加矽靈。看看成分表，如果包含像聚二甲基矽氧烷醇、矽氧烷、矽基、矽烷這類的成分就可以判定是矽靈。

皮膚脆弱的人選用無矽靈洗髮精吧

敏感性肌膚的人或是擔心肌膚粗糙的人，建議使用低刺激性的無矽靈洗髮精。其中又以選用洗淨力溫和的的胺基酸洗髮精為佳。

How to wash

有益肌膚的洗髮精＆護髮產品

1. 梳開頭髮＆預洗

用髮梳梳開頭髮，使灰塵或皮脂等浮出來。再用較溫的水充分弄濕頭髮和頭皮，進行預洗。

將洗髮精充分搓揉起泡。將泡沫放在頭皮上，像包覆頭髮一樣融入頭髮中，再以用指腹按摩頭皮的方式清洗頭髮。

乾性肌膚的人要隔一天使用洗髮精清潔

Day3		Day2		Day1
← 洗髮精	←	只用熱水清洗	←	洗髮精

頭髮一旦清洗過度，就會連所需要的皮脂都洗掉，使頭皮變乾燥。乾性肌膚的人，隔一天才使用洗髮精也沒問題。洗髮劑選用低刺激性的產品也很重要。

POINT 洗淨的標準是摸起來會澀澀卡卡的

洗髮精沖洗乾淨的標準在於頭皮或頭髮不會有黏滑的感覺，用手摸起來會有澀澀卡卡的感覺。

3. 確實沖洗乾淨

洗髮精沒有沖洗乾淨是造成頭皮屑、頭皮癢或背部痤瘡的原因。以洗髮精不會流到背部的姿勢徹底沖洗乾淨。

POINT 如果要塗藥的話要在使用吹風機之前

如果要塗抹治療皮膚炎等的藥物，要在洗完澡之後，使用吹風機之前。重點在於要在頭皮乾燥之前塗藥。

4. 護髮劑要避開裸肌

半乾、未乾透是頭皮粗糙和發出異味的原因！

將護髮劑在全部的頭髮上面抹勻，避免沾附在裸露的肌膚上，然後充分沖洗乾淨。洗完澡之後立刻確實吹乾。

頭皮和頭髮受損的主要原因

頭皮

□清洗過度　□紫外線

□美髮造型劑的洗後殘留

因為清洗過度而洗掉皮脂，或是受到強烈的紫外線照射時，會引起頭皮乾燥或發紅、搔癢。因皮脂分泌過剩，擾亂了頭皮新陳代謝的週期，頭皮屑增多。

頭髮

□吹風機的熱力　□紫外線

□染髮劑、燙髮劑

由於對頭髮造成刺激，損傷角質層，成為毛髮斷裂或分岔的原因。此外，沒有沖乾淨的護髮劑與美髮造型劑無異，所以在就寢前剛洗完澡時不要使用，對頭髮比較好。

清洗的肌膚保養 3

卸妝在一分鐘之內完成吧

早上化了妝出門，晚上回到家之後，要盡可能趕快卸妝，卸妝的重點就是絕對不要搓揉。將適量的卸妝劑塗在臉上，以輕輕撫摸的方式使彩妝溶解。**眼睛的周圍特別敏感，所以卸妝的動作要輕柔。**防水的重點彩妝，要在臉部全面卸妝前先使用專用的卸妝用品迅速地卸除。

卸妝劑太少的話，會變成要靠摩擦的方式去搓掉肌膚上的彩妝。卸妝劑太多的話，也會去除過多的皮脂膜，成為肌膚乾燥的原因。**建議一次的用量約五十元硬幣大小即可。**卸妝後，仔細地以溫水清洗乾淨以免有彩妝殘留，然後立刻為肌膚進行保濕。

以膚質分類的卸妝品挑選法

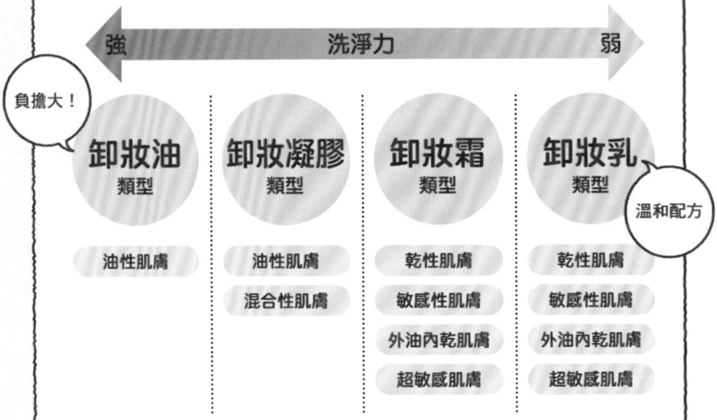

強 ← 洗淨力 → 弱

卸妝油類型（負擔大！）	卸妝凝膠類型	卸妝霜類型	卸妝乳類型（溫和配方）
油性肌膚	油性肌膚	乾性肌膚	乾性肌膚
	混合性肌膚	敏感性肌膚	敏感性肌膚
		外油內乾肌膚	外油內乾肌膚
		超敏感肌膚	超敏感肌膚

卸妝油是洗淨力強的類型，對肌膚來說負擔很大。肌膚脆弱的人，建議選用卸妝乳類型的卸妝劑。

How to wash

有益肌膚的卸妝

1. 卸除重點彩妝

防水的睫毛膏等彩妝，要用沾滿專用卸妝液的化妝棉，輕柔地擦拭乾淨。

2. 抹在T字、U字部位、臉頰

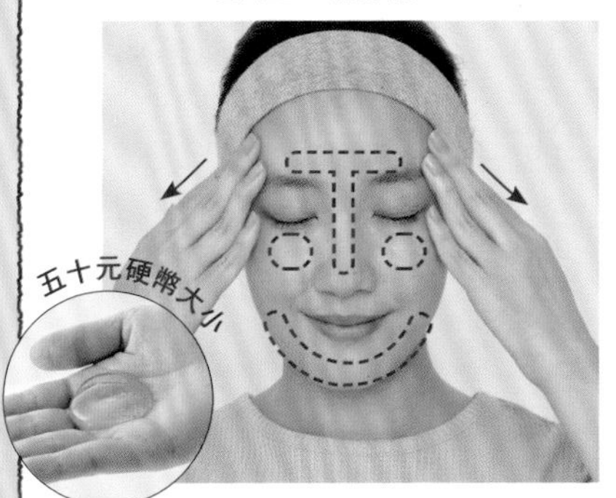

將卸妝劑抹在T字、U字部位、臉頰上面。從臉部的中心往外側，以像這樣的方式用指腹溶解整個臉部的彩妝。

3. 以無名指一圈圈地輕撫

用無名指的指腹，以畫圈的方式一圈圈地輕撫鼻翼、嘴角或嘴唇下方等容易殘留髒汙的地方。

4. 以溫水洗淨

以35～36度的溫水徹底洗淨。如果要徹底洗掉角質髒汙，建議卸妝後再用洗面乳洗一次臉。

清洗的肌膚保養 4

即使只敷上泡沫，肌膚的汙垢也會脫落下來

洗臉的重點在於泡沫和沖洗乾淨。使用洗臉用起泡網，將洗面乳充分搓揉起泡，製作出有彈力感的泡沫。將泡沫不留空隙地敷在臉上，以畫圓的方式輕柔地加以清洗。因為泡沫會吸附髒汙讓它浮上來，所以就算沒有用力搓揉肌膚也沒關係。整張臉都清洗過後，要徹底沖洗乾淨以避免泡沫殘留。

洗臉的次數，在起床後和就寢前，一天兩次，分別以一到兩分鐘的時間迅速清洗。睡覺時也會釋出汗液或皮脂，所以早上洗臉時也要使用洗面乳。就寢前將彩妝徹底卸除乾淨之後，不洗臉而改以只用潔膚水擦拭也是可以的。

以膚質分類的洗臉重點

膚質	洗臉重點
油性肌膚	以不含油脂的洗面乳徹底洗去皮脂。
混合性肌膚	皮脂多的部分確實洗淨，乾燥的部分則輕輕清洗。
外油內乾肌膚	整張臉都輕輕地清洗，以避免失去水分。
乾性肌膚	為了避免過度洗去皮脂，以弱酸性、胺基酸類的洗面乳清洗。
敏感性肌膚	無香料、無色素、低刺激成分的洗面乳，試用過後再選購。
超敏感肌膚	低刺激性、無酒精的洗面乳，先試用過後再選購。

How to wash

有益肌膚的洗臉

1. 以畫圓的方式清洗

手洗乾淨後，用溫水清洗一遍全臉。將大量泡沫抹在臉上，以畫圓的方式用泡沫抓取髒汙，輕柔地清洗。

2. 以溫水洗淨

以溫水清洗乾淨。熱水會帶走需要的皮脂。冷水則會使毛孔收縮，不利於化妝水滲入。

POINT 泡沫容易殘留在何處？

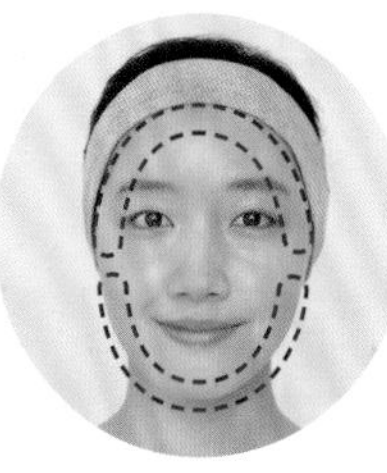

髮際或下巴周圍特別容易殘留泡沫，所以要徹底清洗乾淨。

美肌行動 Q&A

Q 起泡的訣竅為何？

A 可以使用起泡網。將洗面乳擠到起泡網上面，加上適量的水後搓揉起泡網，搓出棉花軟糖硬度的泡沫到滿滿雙手。

清洗的肌膚保養 5

汗液會增加壞菌？流出的汗液快點沖掉吧

雖然汗液具有促進皮膚的新陳代謝、以及增加角質層的水分等重要的功能，但是汗液流出來之後就這樣置之不理卻不是件好事。

相對於皮膚是弱酸性的，汗液則是弱鹼性。如果任由汗液長時間停留在皮膚上的話，維持皮膚健康的皮膚菌群會失去平衡，壞菌增加之後會引起搔癢等等的皮膚問題。

在流汗之後，要快點以淋浴的方式沖洗乾淨。沖洗時只用清水也可以，不一定需要使用沐浴乳等洗淨劑。**如果沒有辦法以淋浴的方式沖澡，只用清水來清洗頸部、臉部、手肘內側等容易發生搔癢的部分，也同樣會有效果。**

美肌行動 Q&A

Q 使用止汗劑或止汗濕紙巾也OK嗎？

A 很少會發生紅腫的現象。如果需要使用的話，選用無酒精的商品比較安心。大量使用噴霧式止汗劑，一口氣噴滿全身的話，汗液將會無法正常流出，有時會增高中暑的風險。

美肌行動 Q&A

Q 淋浴好幾次也OK嗎？

A 一天要淋浴幾次都沒問題（不過，肥皂的使用則以一天一次為限）。單純使用以溫水浸濕的毛巾輕柔地擦掉汗液也OK。汗液擦乾淨之後，別忘了要進行保濕！

用肥皂不行？女性私密部位的保養

女性私密部位因為一整天都穿著貼身衣物，所以很容易產生悶熱潮濕的狀況，進而成為產生異味的汙垢或皮脂累積的地方。**女性私密部位的皮膚薄而嬌嫩，所以不能使用洗淨力強的肥皂或鹼性的沐浴乳，而是要用弱酸性的專用洗淨劑輕柔地清洗。**

私密處的體毛部分如果有搔癢的情形，很可能是因為寄生於陰部的陰蝨所造成的。此外，如果發生令人不悅的異味，也有可能是感染症。如果有異味和疼痛感的話，就是細菌感染症；而如果有異味和搔癢的話，恐怕是念珠菌感染症，建議最好要前往皮膚科向專科醫師求診。

應該注意的症狀

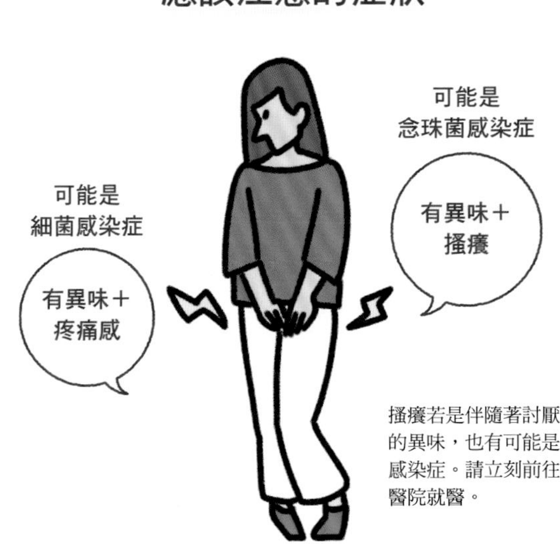

搔癢若是伴隨著討厭的異味，也有可能是感染症。請立刻前往醫院就醫。

以部位分類！

How to wash

有益肌膚的身體清洗法

不同部位的皮脂量、皮膚厚度都不一樣。雖然全部都要分開來洗會很辛苦，但如果有擔心會肌膚乾燥的部位，還是請分開來清洗。

皮脂 少　皮膚 厚

保持乾淨，以洗完很濕潤為目標！

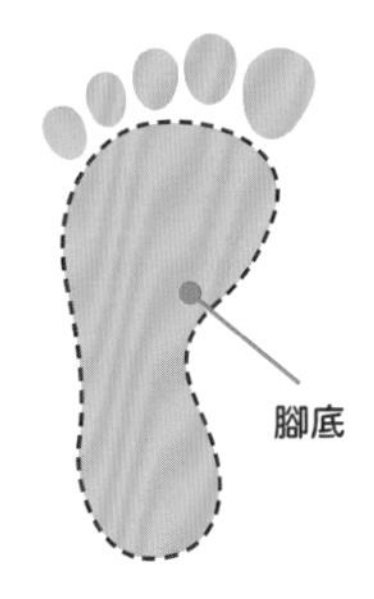

潔膚皂

因為沒有皮脂，很容易潮濕悶熱，所以要使用添加抗菌成分的藥用肥皂。浮石會使角質變厚，所以不要使用。

肥皂的使用頻率

每日

腳趾之間要仔細地清洗！

悶在鞋子裡面，也是細菌容易繁殖的部位，所以要每天清洗，保持乾淨。趾縫要仔細清洗。

皮脂 多　皮膚 厚

因為皮脂多，很容易罹患脂漏性皮膚炎等毛病！要徹底洗淨，防止肌膚乾燥！

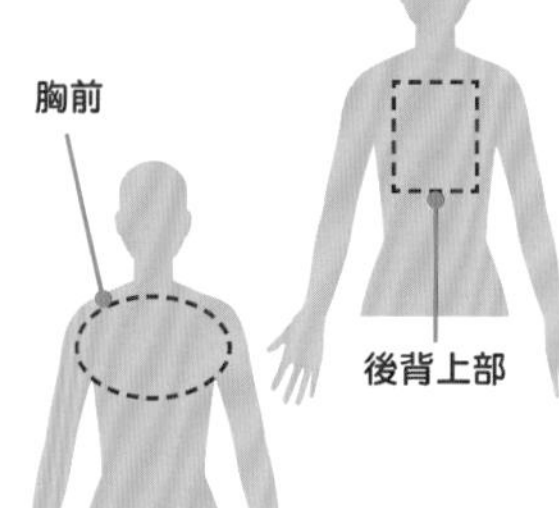

潔膚皂

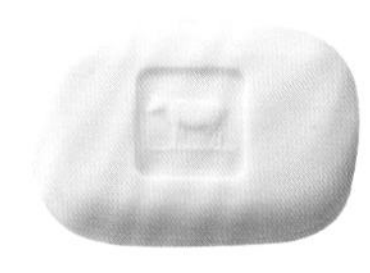

要使用具有洗淨力的肥皂。牛奶肥皂具有洗淨力，同時也有保濕能力，所以特別推薦給大家。

肥皂的使用頻率

每日

皮膚容易乾燥！

背部不只皮脂很多，也是洗髮精容易沒沖乾淨、常有殘留的部位。每天使用洗淨劑洗去髒汙。

皮脂 少　皮膚 薄

因為很容易乾燥，所以不要清洗過度。要動作輕柔地清洗！

快速清洗！

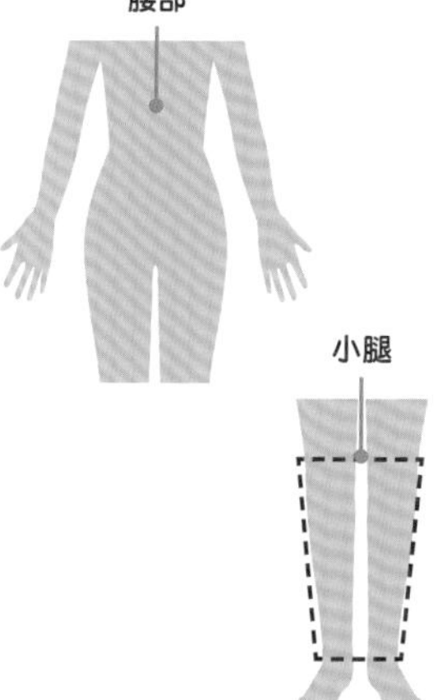

潔膚皂

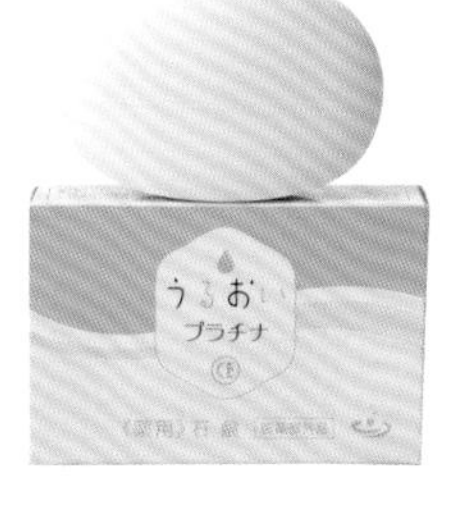

以無添加的固體肥皂或嬰兒用肥皂為佳。也非常推薦使用弱酸性的胺基酸系肥皂「潤鉑CE肥皂」（參照第75頁）。

肥皂的使用頻率

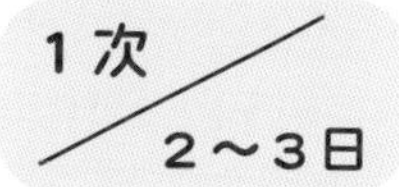

充分搓揉起泡之後，用手清洗吧。將肥皂稀釋後再使用也OK。

POINT 充分保濕吧

特別是容易乾燥的部位，別忘了洗完澡之後的保濕非常重要。

皮脂 多　皮膚 薄

訣竅在於保護肌膚， 同時輕柔地洗掉皮脂！

絕對不可以搓揉！

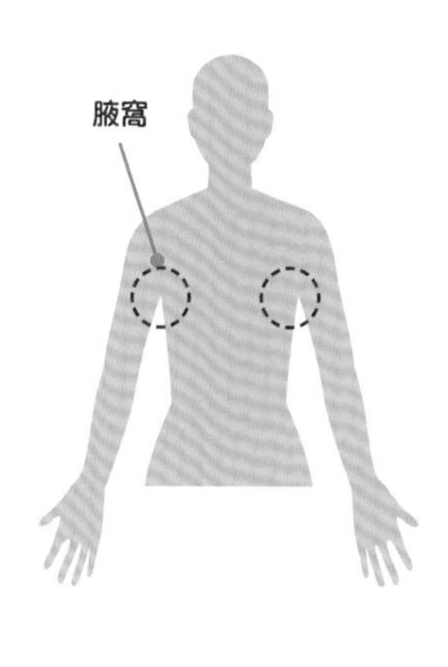

潔膚皂

因為皮膚薄，所以要使用以對肌膚溫和的洗淨成分製成的洗淨劑。這裡也推薦大家使用「潤鉑CE肥皂」。

肥皂的使用頻率

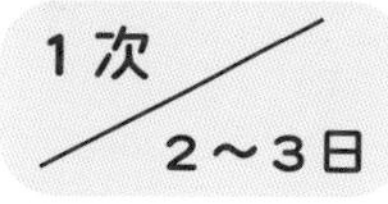

因為皮膚薄，所以讓肥皂充分起泡之後，以泡沫輕柔地清洗。

擔心體臭的人要選用添加抗菌成分的肥皂

擔心腋窩異味的人最好頻繁地淋浴，但是肥皂的使用最多一天一次，而且以使用添加抗菌成分的肥皂為佳。腋窩的皮膚薄，所以雖說擔心有異味，但是用力搓揉腋窩是不行的。

神經醯胺持續減少！要由外部補充保濕

神經醯胺是一種填補於角質層角質細胞之間的脂質，也是構成角質細胞間脂質的一部分（參照第21頁）。**角質層的神經醯胺會隨著年齡增長而減少，五十幾歲時已經減少到大約是二十幾歲時的一半。**除了年齡增長之外，因為不規律的生活打亂了新陳代謝的週期或是清洗過度，都會造成神經醯胺的不足。神經醯胺的功能是保持肌膚的水分，所以一旦缺乏神經醯胺，肌膚會變得乾燥，屏障功能也會下降。**不過，失去的神經醯胺可以藉由添加了神經醯胺的化妝水或乳液補足。**特別是天然的神經醯胺，相較於模仿神經醯胺而以化學合成的偽神經醯胺，天然神經醯胺的刺激少，容易滲透到肌膚裡面，所以非常推薦。

不過，雖說是添加了神經醯胺，但並不是什麼情況下使用都適合。**像是化妝水之類的基礎化妝品，一定要先使用試用品，確認不會刺激肌膚之後再選用。**

使用之後，也許會覺得肌膚沒什麼變化以及沒有效果，但是那就代表它是適合肌膚的。如果感覺到刺激，請立即停止使用。開封之後三個月以內，即使未開封原則上也要在三年以內使用完畢。

如果是屬於敏感性肌膚的人，在選用的時候要仔細閱讀包裝上的成分表標示，訣竅在於要選擇沒有添加酒精、防腐劑、香料的產品〔成分名為對羥基苯甲酸甲酯（Methylparaben）、苯氧乙醇（Phenoxyethanol）等〕。

以膚質分類的塗抹保養重點

油性肌膚

POINT 油分要少一點。白天也要對付皮脂

乳液或乳霜要選擇清爽系，使皮脂和水分保持平衡。不含油脂的化妝水也OK。即使白天也要盡可能設法去除皮脂。

混合性肌膚

POINT 依照不同的部位改變保養的方式

中性肌膚、乾性肌膚、油性肌膚混合在一起。整個臉部先以含有保濕成分的化妝水調整膚況，再依各個部位調整乳液或乳霜的使用量。

乾性肌膚

POINT 水分和油分，兩者都給與肌膚

先塗上含有神經醯胺或天然保濕因子等保濕能力高的化妝水，等充分吸收後再厚厚地塗上乳液或乳霜來覆蓋住肌膚。

外油內乾肌膚

POINT 意識到內部的保濕優先於肌膚表面

要使用大量的化妝水（含有神經醯胺），來對付肌膚內部的乾燥。建議使用油分含量少、屬於清爽型的乳液或乳霜。

敏感性肌膚

POINT 容易紅腫！先使用試用品測試

選擇無香料、無染色、低刺激成分的保養品。購買前要先使用試用品。如果會使肌膚刺痛的話就不要使用。

超敏感肌膚

POINT 全都要使用低刺激性的保養品

要使用無酒精的商品。如果覺得不適合肌膚就要立即停使。和乳液相比，建議最好使用成分單純的凡士林。

本書作者研發的
潤鉑CE藥用系列

大量的

可以補給天然神經醯胺

經常處於不足的狀況，要保濕就絕對少不了的神經醯胺。如果使用潤鉑系列的產品，能讓神經醯胺滲透到角質中，變成濕潤飽水的肌膚。

網購網站 協力：Crialife株式會社

▶ 日文購買網頁
連結在此

面紙可以貼附在肌膚上代表保濕完成

為了防止肌膚乾燥，最重要的是要做好保濕的工作。保濕劑分別為濕潤劑（moisturizer）和保護劑（emollient）等兩種。濕潤劑的作用在於滲透到肌膚裡面，讓水分進人角質層加以滋潤，化妝水等是這類的商品代表。保護劑的作用則在於以覆蓋在肌膚表面的油分，來防止肌膚內部的水分蒸發，乳霜等是這類商品的代表。乳液是作用介於濕潤劑和保護劑中間的商品，因為夏季時使用乳霜會有黏膩感，所以應該使用乳液比較好。

基本上，每天要做的保養工作是先擦化妝水（濕潤劑）使水分滲入皮膚，接著再塗抹乳液或乳霜（保護劑）覆蓋在上面的「套裝組合用法」。如果因為異位性皮膚炎等病症需要塗抹藥劑的話，要在擦完化妝水之後就先塗藥。化妝水的使用分量不要不捨得，要像是淋在身上一樣地加以塗抹也是一大重點。

在沐浴之後就立刻進行肌膚的保濕工作非常重要。因為洗澡而洗掉了皮脂膜（NMF），如果置之不理的話，肌膚的水分會不斷地消失。用毛巾迅速擦乾身體之後，如果身體還是濕潤的狀態也無妨，請立刻將保濕劑塗抹在全身。**保濕劑使用的分量也不要捨不得用，要大量地塗抹到肌膚變得發亮的程度。使用的分量大約是以「塗抹後面紙會貼附在肌膚上」為基準。**

How to moisturize

有益肌膚的保濕方法

1. 塗抹化妝水

以按壓的方式塗抹。請注意不要劈啪作響地拍打肌膚。以50元硬幣大小×大約10次的分量，大量使用吧。

2. 塗抹乳液、乳霜

先塗在額頭、鼻子、雙頰、下巴等五處，然後輕柔地、均勻地塗抹開來。眼周、嘴邊要重複塗抹進行保濕。

身體保濕的訣竅

1. 將紋路延展開塗抹

用手掌
均勻地
塗抹！

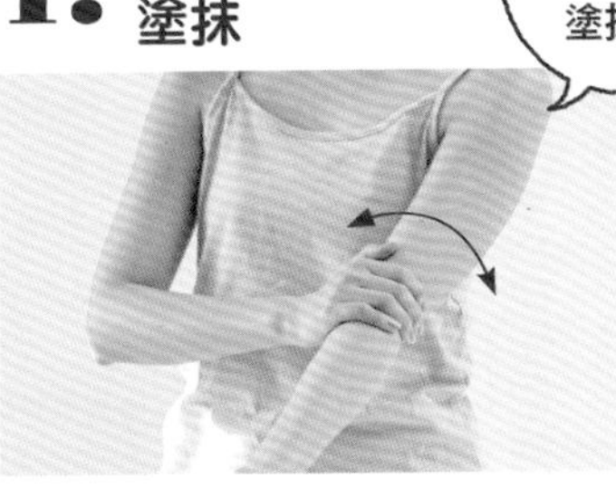

為了讓保濕劑能深入手臂彎折處的紋路裡，最好將紋路延展開，順著橫紋塗抹。

2. 彎曲關節塗抹

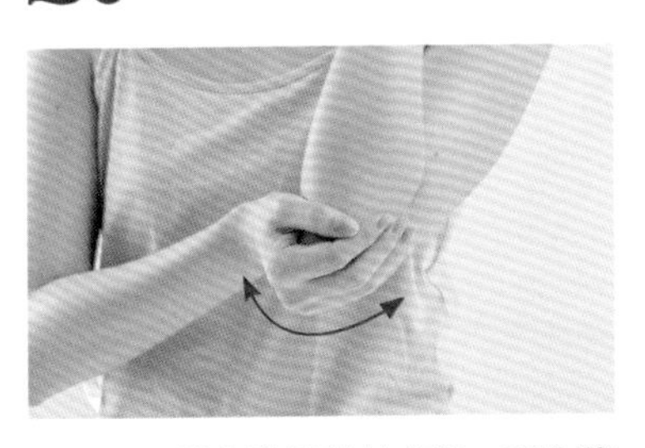

像手肘這樣布滿皺紋的部位，要先將關節彎曲讓皺紋延展開，然後再順著皺紋塗抹進去。

趕在肌膚記住皺紋之前！靠保濕擊退表皮皺紋吧

皮膚從外而內是由表皮、真皮、皮下組織這三層構造所組成的。每層形成的皺紋種類都不一樣，原因和保養方法也都各有不同。

在表皮形成的是表皮皺紋，又稱為乾燥皺紋，這種皺紋在年輕人的身上也看得到。**因為表皮的乾燥是皺紋形成原因，所以要靠確實的保濕來恢復原狀。**一旦置之不理，它會繼續惡化，變成真皮皺紋固定下來之後就很難恢復原狀了。

在真皮形成的是小細紋和大皺紋。小細紋是在笑或生氣時形成的皺紋，又叫做表情紋。隨著年齡的增長，真皮會漸漸地失去緊實或彈力，使得表情的摺痕變得無法復原，形成皺紋刻劃在臉上。由於只靠自我保養會無法復原，**所以這時就需要輪到美容醫學登場了。**

大皺紋是清楚出現在眼睛下方的凹處或臉頰等處的深紋，又叫做老化皺紋。因年齡增長，玻尿酸隨之減少等是形成皺紋的原因，小細紋持續惡化之後會變成大皺紋。**因紫外線的影響造成的光老化，也是形成大皺紋的原因。**

在皮下組織形成的是鬆弛皺紋。常見到的是法令紋、眼睛下方的鬆弛，或是頸部下方的鬆弛等。已經形成的鬆弛皺紋，要靠自我保養來改善是很困難的。**想要預防的話，表情肌的肌肉訓練，或是添加維生素C・視黃醇的化妝品也能產生效果。**

How to moisturize

對「表皮皺紋」有效的保濕方法

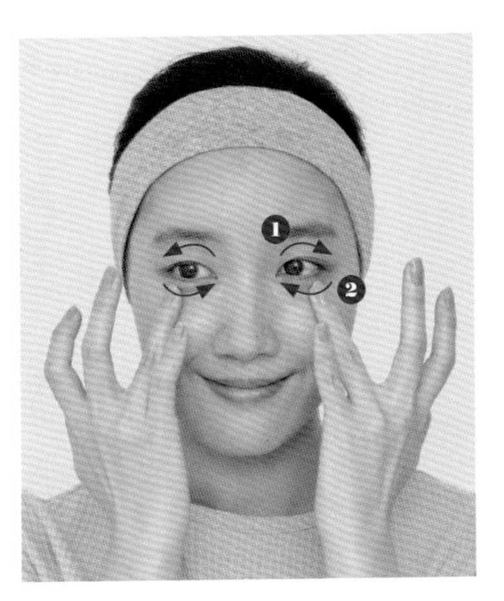

POINT
**趁程度還不嚴重時
靠保濕消除皺紋！**

皺紋能在多早的階段消除是勝負的關鍵。在容易形成表皮皺紋的眼周、嘴邊重複塗抹乳液或乳霜。

▶ 沿著眼睛的肌肉塗抹

使用無名指，下眼皮由眼尾到眼頭，上眼皮由眼頭到眼尾，沿著眼睛的肌肉輕柔地使保濕劑融入肌膚。

防止「鬆弛皺紋」的保濕方法

POINT
**在鬆弛之前
預防最重要！**

一旦形成鬆弛皺紋之後，就會很難恢復原狀。使用維生素C或視黃醇等抗氧化成分配方的化妝品，好好地進行保濕加以預防吧。

▶ 重要的是不要搓揉

將乳霜等保濕劑像沿著皺紋的溝痕一樣塗上去，然後以無名指像在肌膚上面輕柔地滑動一樣，漸漸地讓保濕劑融入肌膚。

如果以美肌、美白為目標，蠶絲粉最適合！

維生素C和對苯二酚被譽為兩大美白成分。維生素C對於已經形成的黑色素有淡化的效果（還原作用），而對苯二酚則是對於形成斑點的黑色素有抑制生成的功效。因為功能各有不同，雖然兩者加在一起使用是最好的方法，但是這樣的商品多半價格昂貴，所以兩者任選其一來使用應該都會有不錯的效果。不過，只選用其中一種的話，即使花時間慢慢地使斑點的顏色變淡，斑點也不會完全消失。

　此外，雖然膠原蛋白屬於美肌成分的一種，但就算是藉由口服的方式來攝取，也會在體內被分解成好幾種胺基酸，所以對於增加皮膚的膠原蛋白是很難具有顯著的效果。想要靠膠原蛋白來打造出美肌的話，就必須非常大量地攝取（參照第100頁）。由於膠原蛋白的分子太大，直接塗在肌膚上也不會滲透進去，所以塗抹分子小的胺基酸比較有效果。

　胺基酸是天然保濕因子的代表，其中效果最強的是將珍珠粉充分磨碎後製作而成的蠶絲粉。蠶絲粉之中含有十八種胺基酸，因為分子非常小，所以胺基酸具有直接滲透肌膚，作為肌膚基礎蛋白質的功用。

　如果將蠶絲粉溶解在化妝水之中，就成了最強的美容液，而且目前也已經有以蠶絲粉製成的保健飲品。

胺基酸可以輕易地滲透到肌膚

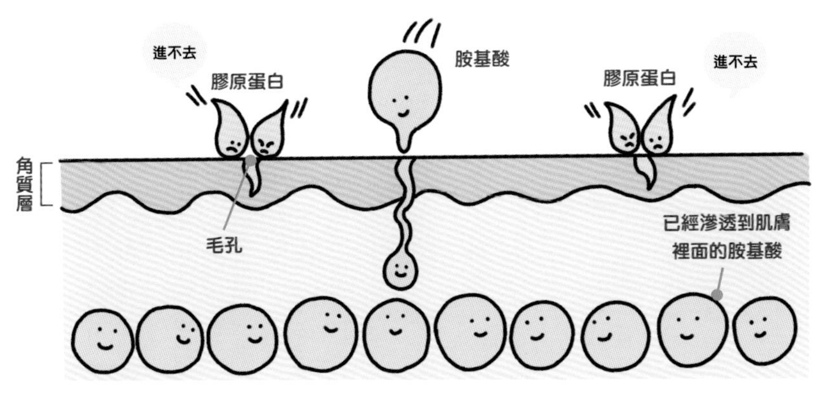

因為胺基酸的分子量小，所以能夠直接滲透到肌膚裡面。膠原蛋白則因為分子量大，所以很難滲透進去。

來製作蠶絲粉美容液吧

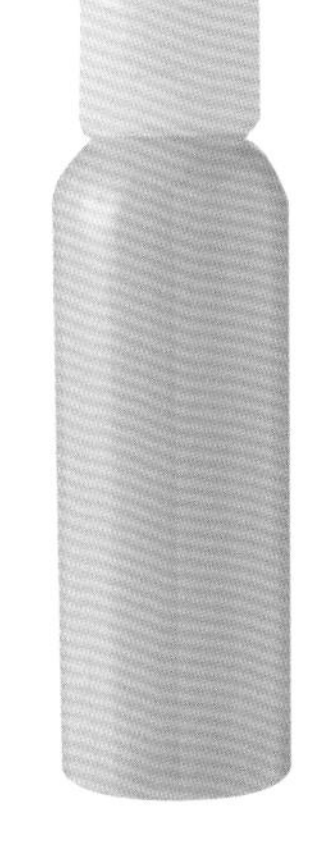

美白的話
也很推薦
「newtra VC35」
（MARVESALA）

〈要準備的材料〉

A：精製水　100ml

B：純蠶絲粉　1又1/2小匙

C：植物性甘油　1/2小匙

精製水和植物性甘油可在藥局購得，純蠶絲粉可以由網路購買。

POINT

使用期限
冷藏可保存2～3週

美容液完成之後，放入冷藏室裡保存，要在完成後的2～3週內使用完畢。請務必先試用看看，確認是否會使肌膚產生刺痛感。

▶作法

將A和B放入乾淨鍋子中，開火加熱到沸騰後，轉為小火煮十分鐘。待液體放涼後，移入保存容器中。先少量地塗抹在肌膚上，如果不會刺激肌膚，便可加入C混合在一起完成製作。

氫是去除活性氧的肌膚老化救星

最強的美容液是含有高濃度氫的產品。根據專業的研究論文報告，氫不論是對身體或是皮膚都具有非常良好的作用。下列為其中具代表性的幾項作用。

①抗氧化作用

與體內產生的壞活性氧結合之後變成無害的水，防止老化狀況的產生。

②抗發炎作用

因身體發炎而產生的活性氧，可以藉由氫的作用予以無毒化，防止發炎範圍的擴大。

③抗過敏作用

因為具有抑制肥大細胞釋放出組織胺等的作用，所以能抑制立即的過敏反應。

④抗細胞凋亡作用

抑制細胞的自然死亡。

人類在吸入氧氣之後，會產生生存所需的必要能量，一旦沒有氧氣，人類就會無法生存。話雖如此，卻有百分之幾的氧會變成有害的活性氧，成為導致老化、生活習慣病等的原因。**而氫則具有抗氧化作用，能夠只攔截體內有害的壞活性氧，將其無毒化變成水。**這個作用可以防止斑點、皺紋或肌膚鬆弛等的肌膚老化。

此外，據了解，氫對於異位性皮膚炎或搔癢也很有效。

氫將壞活性氧無毒化

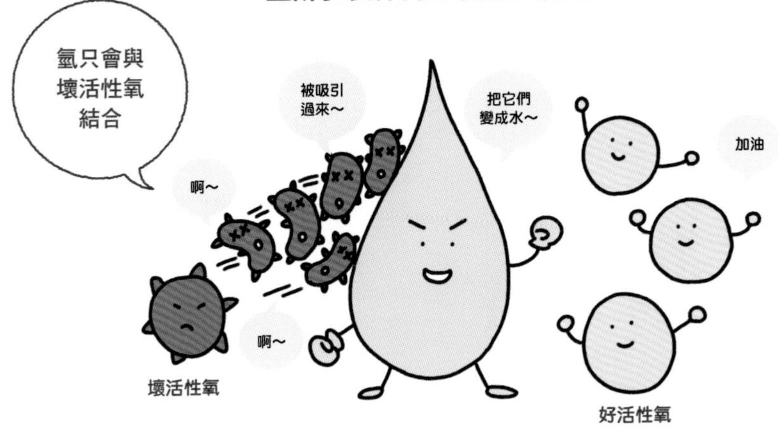

壞活性氧會造成斑點、皺紋、肌膚鬆弛或發炎等。氫與體內產生的壞活性氧結合之後變成無害的水，可以防止肌膚老化。

請留意添加氫的○○

不但
不黏膩
又飽水
滋潤！

氫如果是以一般方式加以填充，會很難密封在容器內，只要一打開瓶蓋，氫就會到處四散。因此，真正有效的商品幾乎是不存在的。不要被「添加氫！」的標示給欺騙了。

豐潤H乳液

「豐潤H乳液」這款商品是從容器開始就採用讓氫不容易散失的特殊「奈米氣泡技術」，將氫緊鎖在瓶內不會到處四散的高濃度氫乳液。

https://www.uruoi-rich.com/

協力：株式会社Atlas

▶ 日文購買網頁
連結在此

待在家裡也會曬傷！進行全年無休的UV防護

紫外線除了會造成斑點、皺紋或肌膚鬆弛的形成，還會讓人體的免疫力下降或提高罹患皮膚癌的風險。**紫外線即使在日照較弱的冬季，也是會全年不間斷地照射著。**因為陰天的紫外線照射量會達到晴天的六成，雨天也有達到晴天的三成，所以**全年三百六十五天都不能中斷塗抹防曬乳。**因為紫外線也會穿透窗戶的玻璃照射進屋內，所以不論是待在室內或是居家遠距工作，即使一整天都沒外出也要塗防曬乳。

能夠到達地表的紫外線有兩種，分別是波長比較長的UV-A（A波）和波長短的UV-B（B波）。紫外線具有「波長愈短對人體的影響愈強，波長愈長愈能深入肌膚」的特性。

雖然在皮膚的真皮層裡含有膠原蛋白、彈性蛋白和玻尿酸等，讓肌膚能夠維持彈力的成分，但是A波卻會導致它們變質，造成皺紋或肌膚鬆弛（光老化）。而會讓肌膚因為曬傷而變成像是被灼傷般變紅的則是B波，B波會造成發炎的狀態（曬傷），然後導致黑色素沉澱，肌膚變成褐色，形成斑點或雀斑。

關於防曬乳的選擇，如果要防止UV-A就要選用PA值※高的防曬乳，而如果要防止UV-B就要選用SPF值※高的防曬乳。就算是年紀還小的嬰兒也可以開始塗抹。順帶一提，日本是唯一沒有讓嬰兒塗防曬乳的先進國家。

受紫外線的影響最大的是真皮

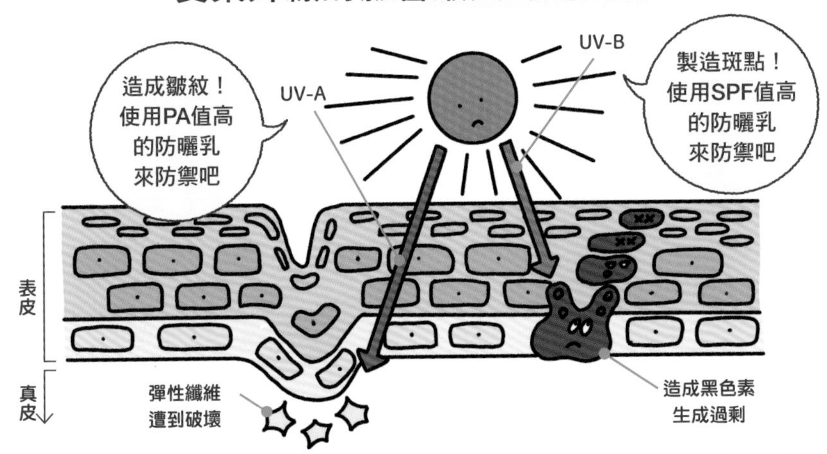

UV-A會穿透到真皮，對皮膚造成傷害、形成皺紋。UV-B有時會造成皮膚癌。如果要降低皮膚癌的罹患風險，日曬房也要避免使用。也有人因為經常曬傷肌膚，而造成背部長出了多達數十顆的皮膚癌。

不同季節的UV防護方法

春　A波強烈的時期

紫外線變強的時期。5月是A波的高峰期。3～4月使用PA、SPF兩用防曬乳，5月要使用PA值高的防曬乳。

秋　紫外線還很強的時期

紫外線雖然漸漸減弱，但A、B波都還很強。使用PA、SPF兩用且兩者的數值都很高的防曬乳。

冬　溫和照射的時期

紫外線雖是一年中最弱，但並非完全沒有。是肌膚敏感的時期，請使用PA、SPF兩用且溫和的防曬乳。

夏

6月　A、B波都很強

夏天是一年之中紫外線最強的時期。A、B波都很強，但A波相對會更強一些。使用PA值高的防曬乳。

7·8月　B波最強時期

B波在一年之中照射最強的時期。選用SPF值高的防曬乳，每隔2～3小時就頻繁地重新塗抹吧。

嘴唇也會曬傷。選用具有抗UV功能的唇膏確實地防止紫外線。

※PA：Protection Grade of UVA。有防止A波的效果。「+」的標示愈多，效果愈好。
※SPF：Sun Protection Factor。有防止B波的效果。數值愈高，效果愈好。

防曬乳塗法

1. 擠出在手掌心

擠出適量的防曬乳在乾淨的手掌中。擠出的分量要比記載在包裝上的適量再稍微多一點。

2. 點在臉頰上

分別將少量的防曬乳點在臉頰的數個地方，仔細地推開，讓防曬乳均勻地分布布在臉頰上。

3. 輕柔地拍打肌膚

一邊輕柔地推勻，一邊輕輕拍打臉頰，讓防曬乳滲透到皮膚裡面。不可以用力拍打。

4. 點在上眼皮、眼睛下方、鼻子下方、鼻翼兩側

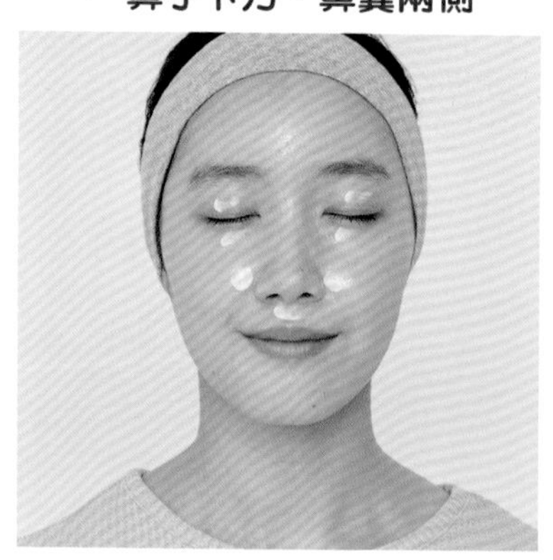

將防曬乳點在「上眼皮」、「眼睛下方」、「鼻子下方」、「鼻翼兩側」這四個經常被遺漏的地方，仔細地推勻。

有益肌膚的

5. 點在額頭上

將防曬乳也點在額頭大約三個地方，然後輕柔地推勻。

6. 點在C（曲線）區上

將防曬乳點在從眉尾下方到眼尾這個容易曬傷的C曲線（C區）上，然後仔細地推勻。

7. 按壓整個臉部

最後輕輕地按壓整個臉部，確認全部塗抹均勻。

POINT
塗防曬乳要在飾底乳之前

基本上，防曬乳的塗抹要在化妝水＋乳液（或乳霜）的基礎保養之後、塗飾底乳之前。雖然也有添加防曬乳的飾底乳或粉底，但是只有那樣，防曬能力是不夠的。必須使用防曬乳單品才可以。

破壞黑色素，除斑雷射的原理

雷射光有著各式各樣不同的種類，會根據不同的種類而決定反應的物質（顏色）。利用這個原理，**將反應在黑色素（黑色）的雷射光打在皮膚上，進而將形成斑點的黑色素加以破壞的，就是除斑雷射。**

除斑雷射的種類分為集中照射在較小斑點上的「Q開關雷射（Q-Switch laser）」，以及照射在整個臉部的「淨膚雷射（Laser Toning）」。

被集中照射過的皮膚會呈現

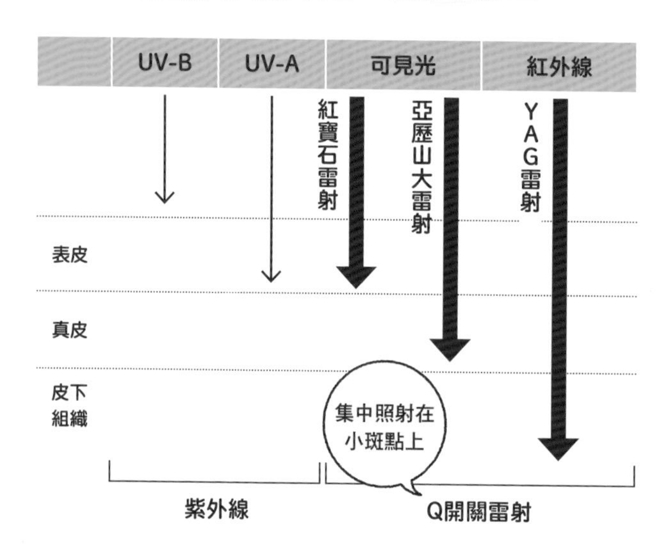

Q開關雷射包含了紅寶石雷射、亞歷山大雷射、YAG雷射。每種雷射可以到達的皮膚層不一樣，所以要根據斑點的種類分別使用。

收費標準參考表（日本）

種類	金額	適用
紅寶石雷射	5000日圓左右（1～5mm見方）	老人斑、雀斑
亞歷山大雷射	〃	老人斑、雀斑
YAG雷射	5000～1萬5000日圓（1～5mm見方）	老人斑、雀斑
淨膚雷射	1萬～6萬日圓（整個臉部一次）	肝斑

費用依照雷射的種類或斑點的大小而有所不同，請務必先諮詢確認。

關於雷射治療希望大家先了解的事

斑點的種類主要有老人斑、雀斑、肝斑等，各種斑點適合的雷射種類都不相同。對非專業人士來說，除了很難分辨斑點的種類外，斑點之間的差異也不容易區別。一旦打錯雷射種類，有時候斑點的顏色還會變深。因此，請務必諮詢皮膚專科醫師。

Q 靠雷射去除斑點，數年後會出現再生斑點或隱藏斑點，真的嗎？

A 再生斑點的原形是「發炎後色素沉澱」。使用防曬乳和對苯二酚的話，最久6個月～1年斑點就會消失。此外，經過雷射照射之後，殘留在肌膚深處的黑色素也會重複皮膚的新陳代謝，在這段期間有時也會成為隱藏斑點再次出現在皮膚表面。

類似輕微灼傷的狀態，要貼上膠帶保護兩週左右的時間。而在膠帶內的結痂底下會有薄薄的新生皮膚，取下膠帶時，斑點會黏在膠帶上脫落下來。在那之後，直到長回正常的皮膚之前（大約一到三個月），都不要搓揉它，也不要曬傷，這點非常重要，請特別留意。

如果是進行淨膚雷射的話，手術後也需要特別注意，要避免搓揉它，也不要曬傷，而且要使用保濕劑和防曬乳來進行保養。雷射手術之後，雖然斑點的部分顏色會變得有點深，不過經過幾週之後就會變淡。

淨膚雷射也同時具有讓肌膚變緊緻和讓毛孔縮小的效果。

醫療的肌膚保養 14

破壞毛囊隆凸區，毛髮就不會再度生長

雷射除毛和光除毛的差異

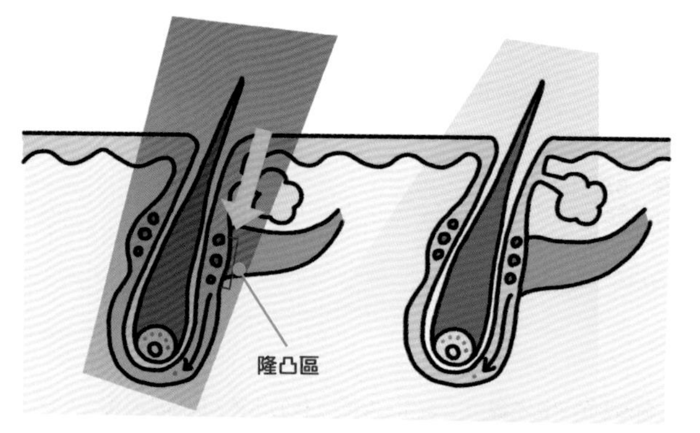

使用醫療雷射破壞隆凸區的話，毛髮就不會再度生長。

除毛的方式包含有雷射除毛和光除毛。在日本，雷射除毛是只有醫療機關等才獲准進行的醫療行為，而一般在除毛沙龍或美容沙龍進行的則是光除毛。光除毛是讓毛根照射會使其萎縮的光，讓毛髮慢慢地難以生長出來，以達到減少毛髮的目的，這和永久除毛並不相同。

雷射除毛是以雷射的熱能來對「製造毛髮的根源，也就是毛乳頭或隆凸區」進行破壞，這是使毛髮永久無法生長的除毛方法。除毛時

收費標準參考表（日本）

醫療機關看這裡

	雷射除毛	光除毛
到院次數	8～15次左右	15次左右
完成除毛的期間	8個月～1年	2年以上
全身除毛的總金額	30～40萬日圓	20萬日圓左右

美容沙龍、除毛沙龍看這裡

價格因不同的診所或除毛沙龍而異。
請先確認金額再前往。

關於雷射除毛，希望大家先了解的事

生理期間不行

生理期間或生理期前後，荷爾蒙的平衡不穩定，肌膚變得很敏感，所以最好盡可能避開進行除毛的作業。

避免曬傷

經雷射照射之後的肌膚，屏障功能低落，所以比平常更容易受到紫外線的傷害。因為會產生發炎或斑點，所以要細心地防止曬傷。

POINT 必須進行保濕，確實讓肌膚水分飽滿！

所使用的雷射，只會對毛髮的黑色產生作用，所以不會讓周遭的肌膚受到傷害。不過，雷射會對已經曬傷的肌膚產生作用，因而增高灼傷的風險。

人體的毛髮會依照「成長期→衰退期→休止期」這樣的生長週期進行再生，而能夠去除的毛髮，只有成長期的毛髮。隱藏在皮膚底下處於休止期的毛髮，是無法進行去除的。

此外，因為成長期的毛髮不超過全體的百分之二十，所以為了去除全身的毛髮，必須反覆進行許多次的雷射除毛，才有辦法徹底地去除乾淨。

醫療的肌膚保養 15

由內側使肌膚變漂亮的「美容注射、點滴」

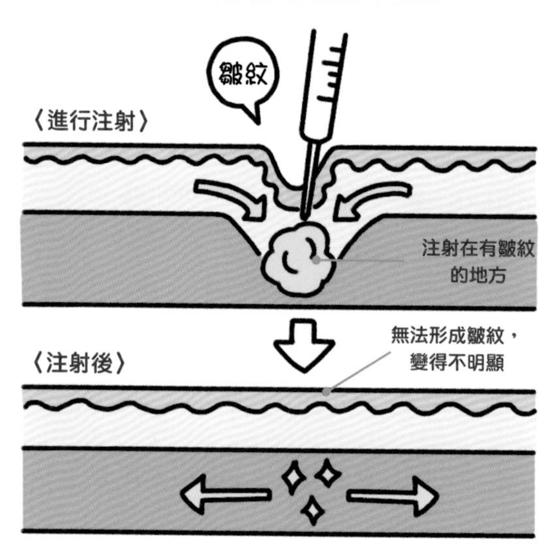

在表情肌造成的皺紋（眉間直紋、眼尾笑紋）上注射肉毒桿菌素。因為具有抑制肌肉活動的作用，所以無法形成皺紋。

美容注射、點滴是將維生素C、維生素B、胺基酸等的營養素注射輸送到靜脈、皮下組織或肌肉。因為和攝取保健食品相比，可以更直接地將美容成分大量地送入體內，所以能得到很高的美肌效果。**與手術不一樣，也沒有傷痕，所花費的時間也只有注射時的數分鐘。**如果是打點滴的話，大約要花費十五分鐘到一小時的時間，但是和注射比起來，打點滴的方式則更能夠注入更多的美容成分。

費用因診所而異，但是以每次

收費標準參考表（日本）

種類	金額	效果
高濃度維生素C	點滴：1萬～3萬日圓	膠原蛋白生成、消除疲勞、抗氧化作用、美白效果
穀胱甘肽（三胜肽）	點滴：2000～7000日圓 注射：5000～1萬日圓	防止斑點＆雀斑、美肌
胎盤素	注射：2000～1萬日圓	膠原蛋白生成、抗衰老

注射、點滴的金額皆因診所不同而有差異，請務必先確認。

關於美容注射、點滴，希望大家先了解的事

少有副作用

扎針部位疼痛、內出血或噁心、頭痛或睏意等症狀很少出現，但幾個小時內就會消失。

效果不持續

因為終究只是營養補給，所以不會是永久持續的效果。

請確認藥劑過敏反應

美肌、美白注射是發生副作用的可能性非常低的治療。因此，基本上任何人都可以接受治療，但是擔心會有藥劑過敏反應的人請事先確認清楚。此外，先考慮到目前的身體狀況也很重要，如果身體狀況明顯不佳，有時也會發生過敏的症狀。對身體狀況不放心的人，不要勉強接受治療。

花費兩千日圓到一萬日圓為準。主要的美容注射、點滴如以下所示。

●高濃度維生素C

效果是能促進膠原蛋白的生成、消除疲勞、抗氧化作用、美白效果等。

●穀胱甘肽（三胜肽）

防止斑點、雀斑，可以期待具有透明感的美肌效果。

●胎盤素

促使肌膚的細胞增生、生成膠原蛋白，可以獲得很高的抗衰老效果。

可以期待對表情肌所造成的皺紋起到撫平效果的「肉毒桿菌素注射」，是將加工過後能當做藥劑使用的蛋白質注射入體內。

由粒線體開始創造美肌吧

我們的身體是由許許多多的細胞所組成的，而存在於細胞之中名為「粒線體」這個細胞小器官，其執行的重要任務是「製造出人體生存所需的能量」。因為粒線體為了我們拚命地工作，我們才能夠維持生命。

不過，粒線體在為人體製造出能量的同時，也同步地製造出了活性氧。活性氧會使身體「生鏽」，除了會造成斑點、皺紋之外，還會讓免疫力低落而招來疾病。

不過，粒線體因為也兼有維生素或還原型輔酶Q10等抗氧化物質，所以可以靠自身之力來去除活性氧。

因此，一旦有粒線體功能低落的情況發生時，去除活性氧的能力也會跟著下降，進而導致的結果就是，活性氧在體內增加，為肌膚帶來不好的影響。

對於粒線體的活化方面，營養均衡的飲食生活或健走、慢跑等有氧運動都非常具有效果。此外，積極地攝取還原型輔酶Q10或維生素A、B、C等也相當重要。

因為維生素C具有直接去除活性氧的效果，維生素B能帶給我們好的睡眠品質，所以攝取這兩種維生素也會讓肌膚的狀態變得更好。

粒線體的活動力下降會使肌膚生鏽

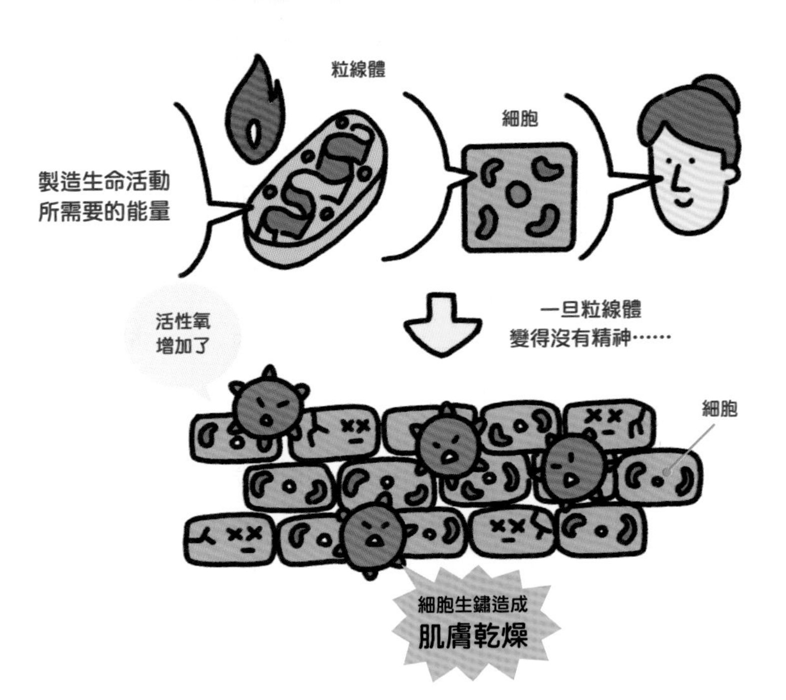

活化粒線體的生活習慣

▶ **適度的運動**

進行健走或慢跑等有氧運動。粒線體在能量不足的時候會增加，所以以餐前運動為佳。

▶ **飲食吃到八分飽**

能量不足的時候，身體會判斷出「必須增加粒線體」。吃到八分飽比吃到全飽要來得有效。

活化粒線體的食物

【可攝取到輔酶Q10】

☐ 沙丁魚、小鰤魚的生魚片
☐ 豬肉、牛肉　☐ 蛋
☐ 橄欖油

【可攝取到維生素類】

☐ 胡蘿蔔　☐ 豬肉　☐ 黃豆
☐ 納豆　☐ 香蕉
☐ 青花菜

青花菜或豬肉是既可以攝取到輔酶Q10又可以攝取到維生素的優質食材。

利用脂質改變肌膚！建議食用Omega-3脂肪酸

在蛋白質、碳水化合物、脂質這三大營養素之中，脂質對於想要擁有健康的肌膚來說是最為重要的，因此請多多攝取優質的脂質。而含有大量Omega-3脂肪酸的油類則是最為建議，它屬於不飽和脂肪酸（主要是植物性油脂）的一種，除了是能量的來源之外，也會變成構成身體的細胞膜的成分。

最具代表性的Omega-3脂肪酸包含有來自植物的α-次亞麻油酸，以及來自海鮮類的DHA、EPA。在亞麻仁油、紫蘇籽油或核桃等當中，含有大量的α-次亞麻油酸，而在鯖魚、秋刀魚、牡蠣或螃蟹等海鮮裡頭，則是含有大量的DHA、EPA。α-次亞麻油酸可以抑制過敏原，使血液流動暢通。DHA具有活化腦神經，提升記憶力等效果。

不飽和脂肪酸除了Omega-3脂肪酸之外，還有Omega-6和omega-9脂肪酸。飽含Omega-6脂肪酸的代表性食物有沙拉油、芝麻油，而飽含omega-9脂肪酸的代表性食物則是橄欖油。Omega-3、Omega-6脂肪酸都是體內無法自行合成的必需胺基酸，**Omega-3脂肪酸如果沒有特地去刻意攝取的話，會很難攝取得到，因此靠保健食品來補充也是一個可行的方法。**芝麻油或亞麻仁油以一天攝取一小匙為基準，攝取過量會造成熱量過多，請特別留意。

Omega-3使肌膚保持緊緻

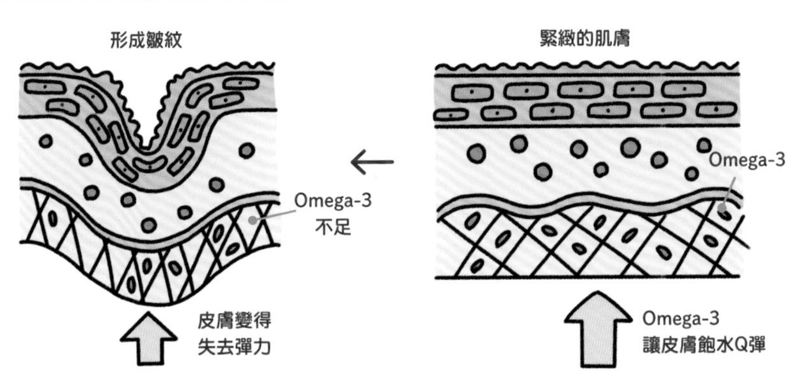

一旦Omega-3有不足的情況產生時，做為皮膚基底的細胞膜就會失去柔軟度，表皮的新陳代謝也會因而低落。皮膚會變得沒有彈力（潤澤度）導致皺紋和鬆弛的產生。

注意不要攝取過量

Omega-6

Omega-6雖然是必需脂肪酸，但卻會讓細胞膜變硬。日常中有許多食品（速食食品、沙拉油、人造奶油、零食）都含有大量的Omega-6，必須注意不要攝取過量。

想更了解Omega-3的人請觀看日文對談影片

豐田雅彥×Omega Satoko
對談：「細胞cell」

含有Omega-3的油類

Omega-3脂肪酸以沙拉醬汁等形式直接食用，效果會比較好。因為很容易氧化，所以要保存在冰箱裡，開封之後在一個月內使用完畢。

飲食的肌膚保養 18

增加腸內的多胺，就能調整皮膚菌群！

人體有八成的免疫細胞都聚集在腸道裡，而被稱為幸福荷爾蒙的血清素，也有八成的數量是在腸子被製造出來的。我們的腸道具有「阻擋有害物質，以及將由食物吸收到的營養素輸送到全身」的重要功能。因此，**如果腸道的狀況良好的話，肌膚的狀況也會因而變好。此外，藉由調整腸內的環境，也能獲得抑制過敏性發炎的效果。**

腸內細菌會製造出「多胺」這種物質，多胺因具有美肌或抗衰老的效果而受到矚目。

多胺也是與細胞分裂或蛋白質的合成等有關的物質，**據說具有預防血管壁發炎或動脈硬化，延長健康壽命的效果。**

多胺具有的功能

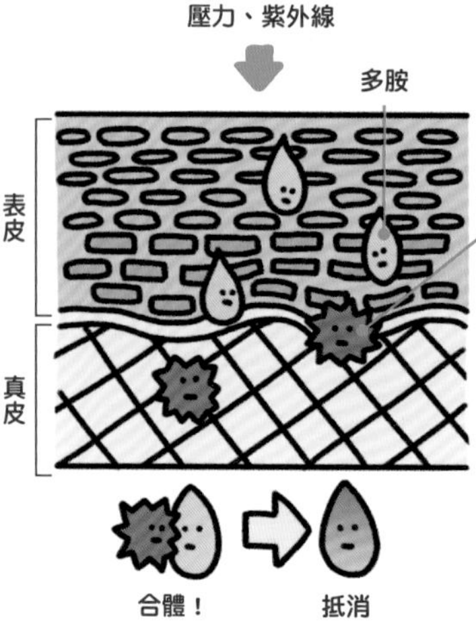

彈性蛋白酶是分解蛋白質的消化酵素，就連膠原蛋白之類的美肌成分也都會被其分解掉，而導致皺紋的產生。多胺則被寄予「有效抑制彈性蛋白酶」的厚望。

可以藉由飲食增加多胺

▶ 多胺的含量很高的食品

藉由積極攝取這些食物，由小腸吸收多胺，再靠血液運送到全身的細胞。

在體內打造
會增加多胺的環境

根據最近的研究發現，如果一起攝取精胺酸（胺基酸的一種）和比菲德式菌，會增加腸內的多胺濃度。

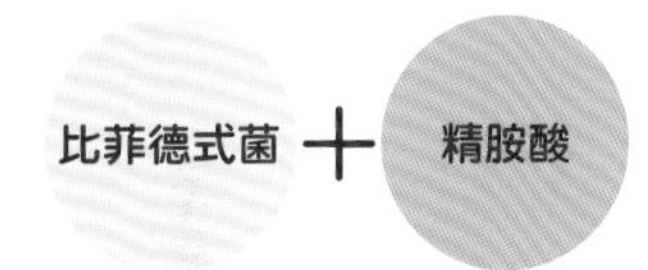

調整腸道的食材

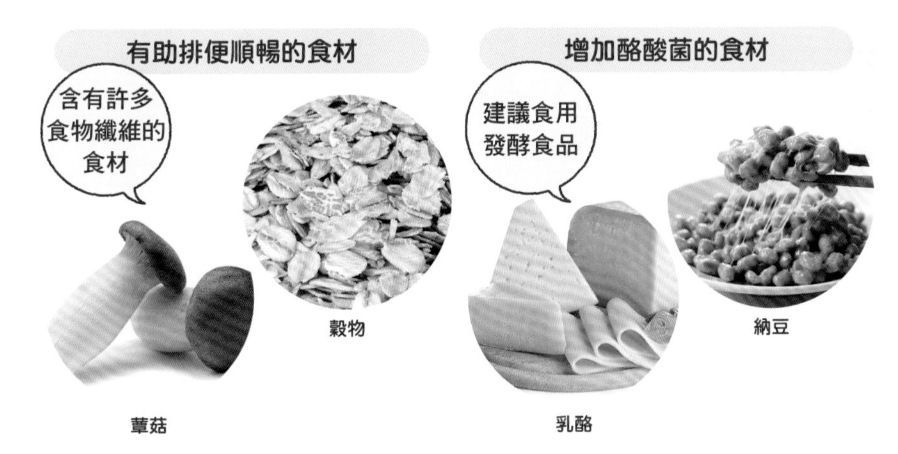

便祕會增加腸內的腐敗物質，造成肌膚粗糙。請攝取含有許多食物纖維的食品，來調整腸內環境吧。

酪酸會使腸內呈弱酸性，抑制壞菌的增殖，增加好菌。還能提升免疫力，解決血清素不足的問題。

改善斑點、皺紋、肌膚鬆弛！將膠原蛋白傳送到肌膚吧

連接表皮和真皮的基底膜含有許多的膠原蛋白，能賦予肌膚水潤或彈性。隨著年齡的增長，膠原蛋白的減少，也成為了產生斑點、皺紋、肌膚鬆弛等美肌勁敵的原因之一。

只不過，就算以口服的方式來攝取含有許多膠原蛋白的食材或保健食品，皮膚的膠原蛋白也不會因而增加。原因為何呢？因為透過口服方式攝取的膠原蛋白，在體內經過消化之後，最終會被分解成胺基酸。雖然胺基酸會透過血液輸送到全身，但是到達皮膚的胺基酸卻不可能再次構築，還原成膠原蛋白。

而如果把膠原蛋白想成是「製造肌膚的材料蛋白質」的話，那麼攝取膠原蛋白或許還是有其存在價值。**會這樣說的原因在於蛋白質是真皮成分的「材料」，可以成為維持血管或肌肉健康年輕的「能量來源」。**如果體內的蛋白質十分充足，就能製造出活力十足的皮膚，對於改善皺紋或肌膚鬆弛，應該可以說是有效果的吧！**膠原蛋白在牛筋、雞翅、軟骨等當中的含量很多。**而除了膠原蛋白之外，在攝取蛋白質時也要同時攝取含有大量維生素C、鐵質的食材，這樣才能有效地促進體內的膠原蛋白生成。

在攝取蛋白質來源的膠原蛋白的同時，也一起攝取用來製造膠原蛋白的食材，來為擁有美麗的肌膚努力吧！

能改善三大肌膚惱人問題的三大食品

1 有著滿滿膠原蛋白的「雞翅」！

膠原蛋白在皮膚、骨頭或關節等處的含量很多，雞翅和雞皮等都含有滿滿的優質膠原蛋白。烘烤時只要撒點鹽就很美味，烤雞肉串的作法也很簡單，相當推薦。不但是低熱量、高蛋白的美容食材，價格也非常實惠。

2 保持肌膚緊緻的「蛋」

雞蛋所含的營養素非常的豐富！蛋殼和蛋白之間的薄膜含有膠原蛋白，蛋本身也有滿滿的蛋白質。可以煮成水煮蛋食用，也可以將薄膜加入蛋液之中煮成蛋花湯。蛋既可以當成主菜，也能夠當成配菜，是讓人想要積極攝取的食材。

3 守護肌膚免於老化的「紅色食物」

此外，也非常推薦對於皺紋、肌膚鬆弛有改善效果的蝦子、螃蟹、鮭魚子、鮭魚等「紅色食物」。紅色是來自於抗氧化能力很強的蝦紅素這種營養素。胡蘿蔔、番茄或紅甜椒等紅色蔬菜，含有類胡蘿蔔素，如同蝦紅素一樣具有很強的抗氧化能力，可以防止老化。

生活的肌膚保養 20

修護肌膚的黃金時段是入睡後的三小時！

從前有個說法，「從晚上十點到凌晨兩點」是修護肌膚的黃金時段，但是**近年來的說法則是，「入睡後的三小時」對於修護肌膚來說非常地重要。**

據說，人類睡覺的時候以三小時的週期醒來是理想的狀態，最適當的睡眠時間是六小時。**入睡之後的三小時，會活躍地分泌出成長荷爾蒙和睡眠荷爾蒙（褪黑激素），成長荷爾蒙可以促進肌膚的新陳代謝，有助於新皮膚的再生。**據了解，褪黑激素具有紓緩身心的作用，或強勁的抗氧化作用。相反的，當褪黑激素下降時，肌膚也會有變得很容易曬傷等情況產生。

有個許多人都知道的說法是，起床後的十五到十九小時是腸道的黃金時段。而製造褪黑激素的材料血清素，有百分之九十五是在腸道裡製造出來的，所以配合這個時間入睡的話，可以得到品質更好的睡眠，肌膚也會變得更健康。

入睡後的三小時，成長&睡眠荷爾蒙很活躍。打造美麗的肌膚。

以每天二十分鐘的健走，痛快淋漓地流汗吧

汗液有好汗與壞汗的分別。運動或入浴時痛快淋漓流出的汗液，是近似肥皂的弱鹼性汗液，能夠帶走肌膚表面的髒汙保持清潔，轉化成保濕或屏障的功能，來守護肌膚的健康。不過，弱鹼性的汗液要是這樣留在身上的話，皮膚上的壞菌會因而增加，因此必須早一點清除汗液，恢復成弱酸性的肌膚。相對於此，當精神上感到壓力時，流出的汗液會是濕糊黏膩的狀態，其中鹽分和氨等的含量很高，與常在菌結合之後有時會散發出臭味，並且成為搔癢發生的原因。

為了流出好的汗液，一天花二十分鐘左右從事健走、慢跑、有氧健身操、騎單車、游泳等有氧運動會很有效果。有氧運動能夠促進血液循環，將氧和營養運送到肌膚微血管的每個角落，而且還能**促進皮膚的新陳代謝，保持肌膚的健康。**

別忘了防護紫外線！

促進血液循環
↓
新陳代謝UP
↓
睡眠品質UP → 美麗肌膚！

生活的肌膚保養 22

嚴重曬傷後的肌膚，冷卻&保濕很重要

曬傷分成曬紅（皮膚變紅，處於刺痛的狀態）和曬黑（皮膚變黑的曬傷）這兩種類型。

曬紅型曬傷的症狀大部分在兩到三天內就會舒緩下來。曬黑型曬傷會皮膚變黑，是因為黑色素細胞受到紫外線的刺激之後，製造出大量的黑色素所造成的。黑色素通常會藉由新陳代謝排出體外，但是如果持續受到紫外線照射的話，就會累積在肌膚裡，成為斑點產生的原因。

關於曬傷的治療步驟首先是冷卻，其次是保濕。等到肌膚不再發炎之後，可以使用美白化妝品保養，促進新陳代謝，以預防斑點的生成。

曬傷的保養法

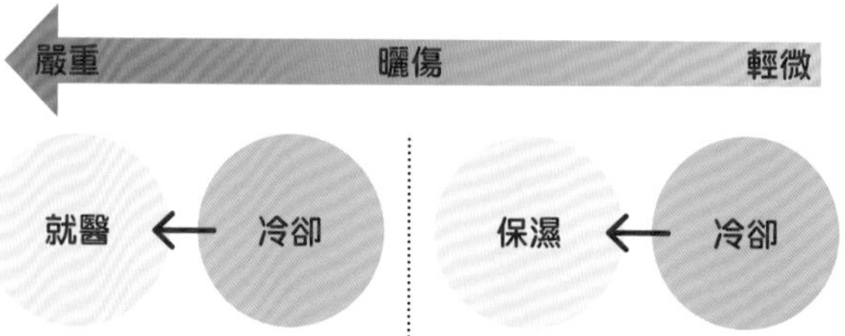

嚴重 ← 曬傷 — 輕微

輕微：冷卻 → 保濕

用毛巾包住冰塊或保冷劑等，敷在曬傷的部位予以冷卻。使用化妝水補充水分，也用乳液或乳霜補充油分。

嚴重：冷卻 → 就醫

使用冰塊或保冷劑冷卻之後，請前往皮膚科就診。也可以使用市售的類固醇外用藥做緊急處理。請遵從藥劑師的指示。

生活的肌膚保養 23

增加三大荷爾蒙，紓緩壓力吧

壓力和肌膚的失調有著直接的關聯，如果想要擁有健康的肌膚，妥善地解除壓力是非常重要的，接下來要為各位介紹能夠抒解壓力的荷爾蒙。血清素、催產素、多巴胺除了被稱為「幸福荷爾蒙」之外，同時也是讓肌膚美麗的三大荷爾蒙。血清素具有活化腦部的功能，可以穩定身心的平衡。催產素可以透過肌膚接觸或按摩等舒服的刺激來獲得大量地分泌，而且**它可以活化治療肌膚損傷的幹細胞的活動，來促進肌膚的新陳代謝**。多巴胺具有提高睡眠品質、活化細胞代謝的作用，因此能夠讓肌膚保持健康狀態。

三大荷爾蒙的增加方法

▶ 想增加血清素的話

- **攝取色胺酸**

  色胺酸是生成血清素所不可欠缺的胺基酸。在黃豆、乳製品之中含量很多。

- **攝取維生素B6**

  這也是生成血清素所不可欠缺的營養素。在糙米、肝臟等之中含量很多。

▶ 想增加催產素的話

- **經由肌膚接觸**
- **進行自我按摩**

▶ 想增加多巴胺的話

- **攝取酪胺酸**

  酪胺酸是生成多巴胺所不可欠缺的胺基酸。在乳酪、納豆、柴魚片之中含量很多。

COLUMN 3

推薦的保健食品最強的組合是這個！

以現代日本人的飲食生活型態來說，不太可能會有營養素極端不足的情況發生。因此，單純只是以營養補給為目的的保健食品，應該是沒有絕對的必要性。不過，如果目的是為了想要擁有水潤健康肌膚的話，那麼攝取保健食品的確會是一個相當有效率的補充方法，而且在科學方面證實確有效果的保健食品也不在少數。

其中最為推薦的是，具有抗氧化作用的保健食品，這類保健品能有效延緩肌膚老化。

一旦產生了壞活性氧，就會讓皮膚發生氧化（皮膚的「生鏽」），導致斑點、皺紋的產生（參照第38頁）。而對於壞活性氧能達到去除效果的，是具有強力抗氧化作用的維生素A、維生素C、維生素E，或是輔酶Q10、多酚、胡蘿蔔素等。其中又以含「胺基酸＋維生素C＋維生素A」的保健食品，具有最好的抗氧化效果。胺基酸是讓肌膚保持水潤的天然保濕因子的主要成分。維生素C和維生素A是人體無法自行製造的維生素，具有保持皮膚或黏膜健康的功能，或是調整皮膚新陳代謝的功能等，可以提升肌膚的屏障機能。

此外，還要推薦將構成細胞膜的不飽和脂肪酸加入配方的保健食品。魚油裡面含有Omega-3脂肪酸的EPA和DHA、Omega-6脂肪酸的γ-次亞麻油酸，是人體無法自行合成的必需脂肪酸（參照第96頁）。順帶一提，為了維持健康的皮膚、毛髮、指甲，我也推薦大家攝取含鋅的保健食品。將鋅當做醫療藥品給藥的話，經常有攝取過量的狀況（很難調節給藥量），所以由保健食品來攝取鋅是比較理想的方式。

4

肌膚問題的應對方法

本章中所使用的

表示症狀的名詞

痂皮	瘡痂。水泡、血液、膿乾掉之後硬化的東西。
丘疹	直徑不到10mm 的小疙瘩。
紅斑	血管擴張之後皮膚上出現的紅色。
紅色丘疹	帶有紅色的濕疹、小疙瘩。
小水泡	直徑不到1cm、含有水分很多的透明液體的東西。小型的水泡。
水泡	直徑1cm。透明的水分累積在皮下所形成的突起。
苔癬化	皮膚變得又厚又硬。
膨疹	短暫的皮膚突起。浮腫。
落屑	皮膚像鱗片剝落一般紛紛掉落。
鱗屑	像魚鱗一樣不健康的皮膚附著在皮膚上面的狀態。

＼ 由出現症狀的部位來診斷！ ／

肌膚問題自我檢測

發生在什麼部位？

全身

突然出現地圖狀的斑塊
↓
蕁麻疹
→P.142

強烈搔癢，皮膚發紅
↓
異位性皮膚炎
→P.112

具有厚厚的鱗屑
↓
乾癬
→P.144

頭、臉、頸

陽光曬到的部位有形狀不規則的紅斑、落屑
（皮膚碎屑紛紛掉落下來）
↓
日光性角化症
→P.128

會發紅、有膿的疙瘩
↓
尋常性痤瘡
→P.132

集中在一個地方的頭髮脫落
↓
圓禿
→P.140

頭皮發紅，有鱗屑
↓
頭部白癬
→P.126

軀體

環狀發紅和鱗屑
↓
身體白癬
→P.126

伴隨著搔癢的小水泡、疙瘩
↓
汗疹
→P.134

身體的單側有會痛、發紅的小水泡
↓
帶狀皰疹
→P.122

腳尖、手掌、手指

腳底、腳趾有水泡、鱗屑
↓
足部白癬
→P.126

指甲有白色汙濁、變形
↓
指甲白癬
→P.126

只出現在手部的紅斑、疙瘩、小水泡、龜裂
↓
手部濕疹
→P.118

腳和手有小水泡、鱗屑
↓
汗皰疹
→P.116

其他

皮膚有形狀不規則的黑斑、黑痣出血
↓
惡性黑色素瘤
→P.130

嘴部周邊等處有刺痛感
↓
單純皰疹病毒
→P.124

接觸物體的部位會搔癢、發紅
↓
接觸性皮膚炎
→P.120

油膩、帶黃色調的痂皮、發紅
↓
脂漏性皮膚炎
→P.110

發紅

搔癢

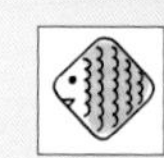
鱗屑

瘡痂

出現像頭皮屑的瘡痂，嘴部周邊等處發紅

脂漏性皮膚炎

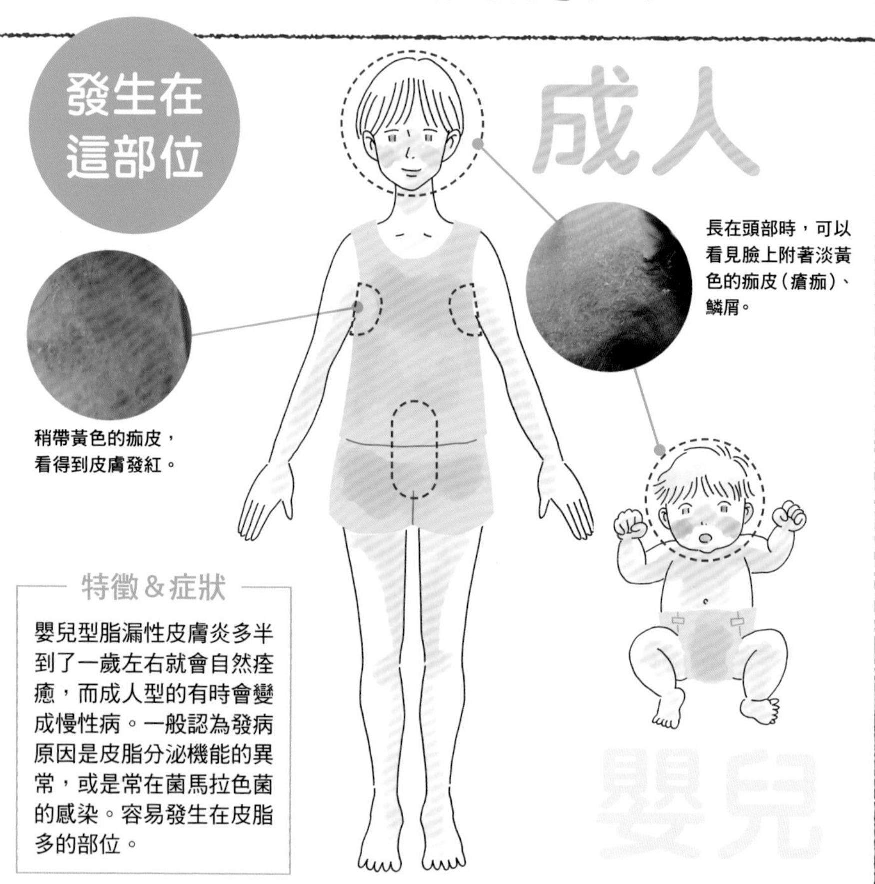

長在頭部時，可以看見臉上附著淡黃色的痂皮（瘡痂）、鱗屑。

稍帶黃色的痂皮，看得到皮膚發紅。

特徵＆症狀

嬰兒型脂漏性皮膚炎多半到了一歲左右就會自然痊癒，而成人型的有時會變成慢性病。一般認為發病原因是皮脂分泌機能的異常，或是常在菌馬拉色菌的感染。容易發生在皮脂多的部位。

醫院照護、處方藥是這個

- 類固醇（外用）
- 抗真菌藥物（〈外用〉針對馬拉色菌）

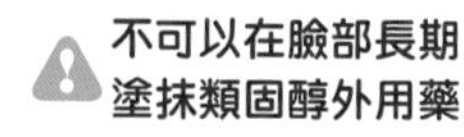

不可以在臉部長期塗抹類固醇外用藥

臉部容易吸收藥劑。特別是嬰兒，因為皮膚很薄，所以不要長期持續塗抹在臉部。

出現這類症狀時請就醫

- 頭皮屑突然增加
- 臉部的T字部位或鼻子旁邊變紅
- 頭皮上看得到鱗屑

這時皮膚怎麼了？

產生發炎 ← 產生細胞激素※ ← 皮脂成分或馬拉色菌刺激皮膚 ← 皮脂的分泌增加

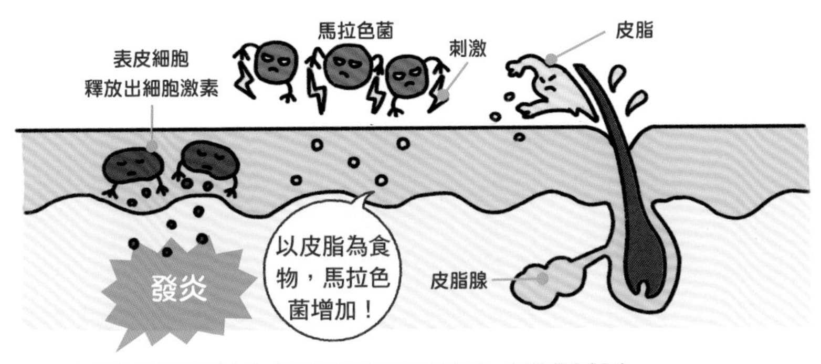

※由細胞分泌出來的蛋白質。擔負在細胞之間傳達情報的工作，會引起搔癢或發炎

居家照護請這樣做

如果頭皮屑很多，要更換洗髮精

使用含有活膚鋅、二硫化硒、水楊酸或硫磺、煤焦油的藥用洗髮精，每天或每隔一天洗頭髮。發炎舒緩下來之後，改為一週洗兩次。嬰兒的話，以嬰兒用洗髮精每天洗頭髮。

如果臉部變紅，洗臉時要留意

即使是長年一直使用的洗面乳也會變成刺激，有時會臉部發紅，或是變得很緊繃。要使用低刺激性的洗面乳或含有抗真菌劑的肥皂來洗臉。

盡可能少吃脂質多的食材

少吃油脂類、奶油、牛肉、豬肉等脂質多的食品。此外，也要注意避免攝取過多的糖分、咖啡、酒精、辛香料等。

積極地攝取維生素B2、B6

維生素不足也有可能會造成皮脂分泌過剩。要積極攝取肝臟、蜆、牛乳、蛋、菠菜、番茄、高麗菜、香菇等。

臉部和肘部多次反覆出現強烈發癢和疙瘩

異位性皮膚炎

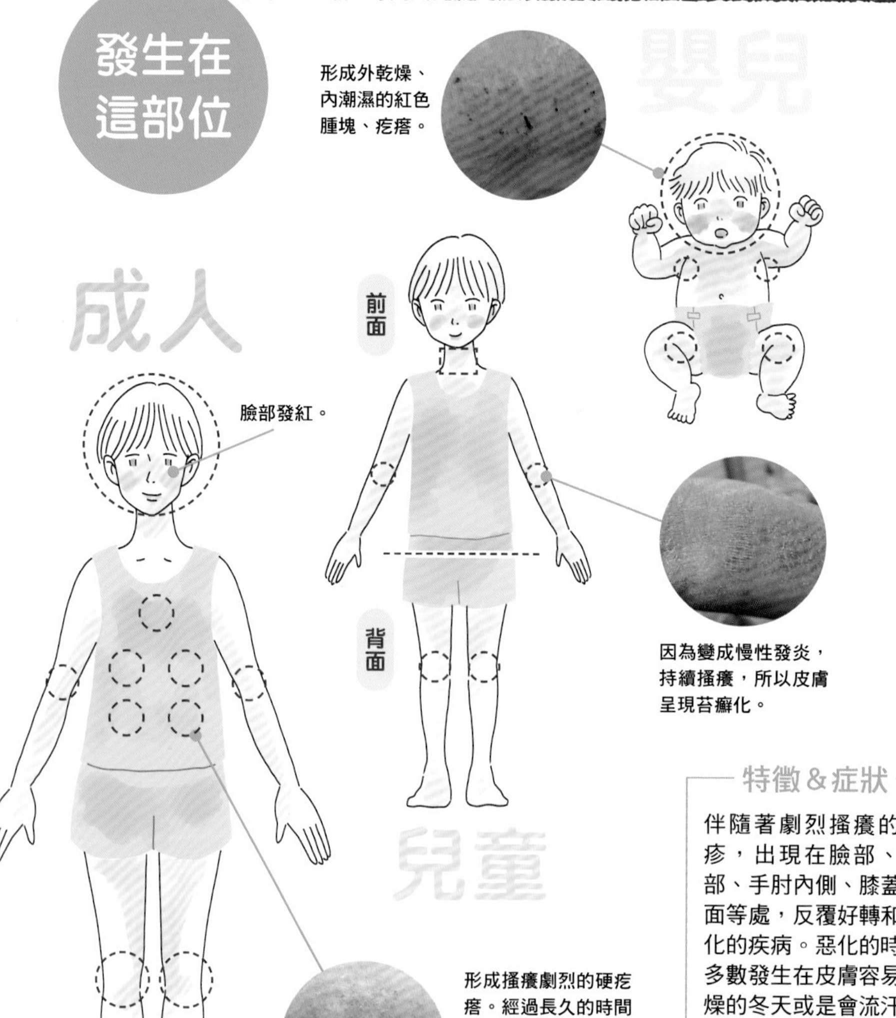

發紅

搔癢

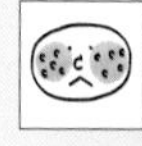
疙瘩

瘡痂

特徵＆症狀

伴隨著劇烈搔癢的濕疹，出現在臉部、頸部、手肘內側、膝蓋後面等處，反覆好轉和惡化的疾病。惡化的時間多數發生在皮膚容易乾燥的冬天或是會流汗的夏天，常可見到有花粉症或氣喘的人罹患此症。皮膚因搔抓、揉擦而變成厚厚的苔癬化，而且產生色素沉澱。

很容易被誤認的疾病

▶脂漏性皮膚炎、乾癬、接觸性皮膚炎

三者都會產生搔癢。因為這些疾病都會出現皮膚變得又紅又濕，或是乾燥粗糙這兩種皮疹（病變），所以很難與異位性皮膚炎辨別清楚。

被診斷為異位性皮膚炎的三個基準

長期沒有痊癒，反覆出現症狀

以嬰幼兒來說兩個月以上，非嬰幼兒者六個月以上都治不好，或是反覆發作的話，變成慢性發炎。

出現左右對稱的症狀

額頭、眼周、嘴邊、頸部、手腳關節、身軀都是好發部位，大致上會呈現左右對稱。

病因來自異位性體質

支氣管性氣喘、過敏性鼻炎・結膜炎、花粉症，患有以上其中一種病症，或是過往有多種疾病的病史（家人也包含在內）。

處方藥是這個

●抗組織胺藥物　●類固醇（外用）　●他克莫司軟膏（外用）　●保濕劑
●迪高替尼軟膏（外用）　●中藥（口服）　等

類固醇外用藥要依照重症度分別使用

	重症程度	藥效的強度（等級）	藥劑範例
輕症	乾燥又粗糙。輕度發紅、鱗狀皮膚（鱗屑）	5.弱（Weak）	腎上腺皮質酮
中等症	原則上，臉部使用Medium等級	4.普通（Medium）	潑尼松龍醋酸戊酸酯（LIDOMEX®）、氯倍他松（Kindavate®）
中等症	發炎在中等程度的時候。發紅、鱗狀皮膚、抓痕等	3.強（Strong）	地塞米松戊酸酯（Voalla®）、倍他米松戊酸酯（臨得隆-V®）
重症	發炎變嚴重，濕濕的。抓破皮膚。擴及廣大的範圍，有鱗狀的皮膚附著等。不要使用在皮膚很薄的臉部或是嬰幼兒身上	2.非常強（Very Strong）	倍他米松丁酸酯丙酸酯（Antebate®）、二氟潑尼酯（MYSER®）、雙氟可龍戊酸酯（Nerisona®）
重症	如果Very Strong還是沒有顯現出效果的話，限定那個部位使用	1.最強（Strongest）	丙酸倍氯松（Dermovate®）、二乙酸二氟拉松酯（Diacort®）

類固醇外用藥依強度分成五個等級。可以買到的市售藥品是從輕症開始，到等級3。原則上，臉部之類皮膚薄的部位或是嬰幼兒，要使用等級4、5。

這時皮膚怎麼了？

搔癢增加，
陷入
無限循環
←
細胞激素
引起發炎
←
因過敏反應
或是
屏障機能低落
而搔抓肌膚

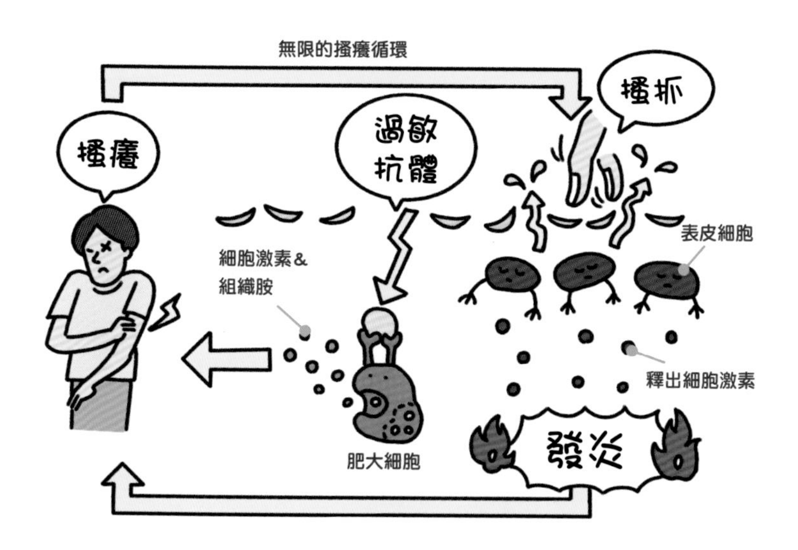

難治性的最新治療是這個

▶生物製劑（杜避炎）

注射生物製劑（利用生物科技製作而成的藥劑）。阻礙細胞激素IL-4、IL-13的作用，抑制發炎的發生。具有戲劇性的效果，在日本適用保險給付，個人負擔三成的費用，每月約四萬日圓（有高額療養費制度）。

▶JAK抑制劑（Upadacitinib水合物錠等）

生物製劑的飲用藥。阻礙傳送發炎信號的路徑之一「JAK-STAT路徑」，抑制搔癢（也有可以從十二歲開始服用的藥劑）。在日本適用保險給付，個人負擔三成的費用，每月約四萬日圓（有高額療養費制度）。

居家照護要這麼做

留意室內的溫度、濕度

清除室內灰塵，保持室內乾淨。在經常乾燥的冬季時，使用加濕器之類的，保持適當的氣溫、濕度，藉此使皮膚維持在良好的狀態。

正確地塗抹類固醇外用藥

配合重症度和部位，塗抹適量的類固醇外用藥。在發炎痊癒之後，施行積極的療法。

類固醇等級➡P.113
積極療法➡P.146

保持皮膚乾淨

使用溫水泡澡，以淋浴保持乾淨。使用敏感性肌膚專用的肥皂、洗髮精清洗，避免過度搓揉肌膚。沖洗時也要徹底清洗乾淨。

充分地進行保濕

像是入浴或洗手之後，立刻以乳液或乳霜進行保濕。配方中含有肝素、尿素、凡士林的保養品，或氧化鋅軟膏等都很有效。

column

Skin

異位性皮膚炎發作時可利用保濕減輕三成的症狀

根據日本國立成長發育醫療研究中心的研究顯示，「從出生後第1週開始到第32週為止，一天進行一次全身保濕」的這組嬰兒，和另一組沒塗任何保濕劑的嬰兒比較之下，異位性皮膚炎的發病率減少了三成以上。從這個結果可以得知，為了防止發病，在嬰兒出生之後盡量早一點將保濕劑塗抹全身，不要讓肌膚的屏障機能下降是非常重要的。也就是說為了肌膚的健康，最為重要的就是保濕的工作。

搔癢

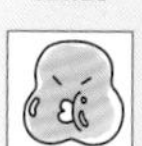
水泡

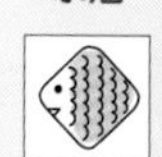
鱗屑

手掌、腳底長了許多水泡！

汗皰疹、異汗性濕疹

發生在這部位

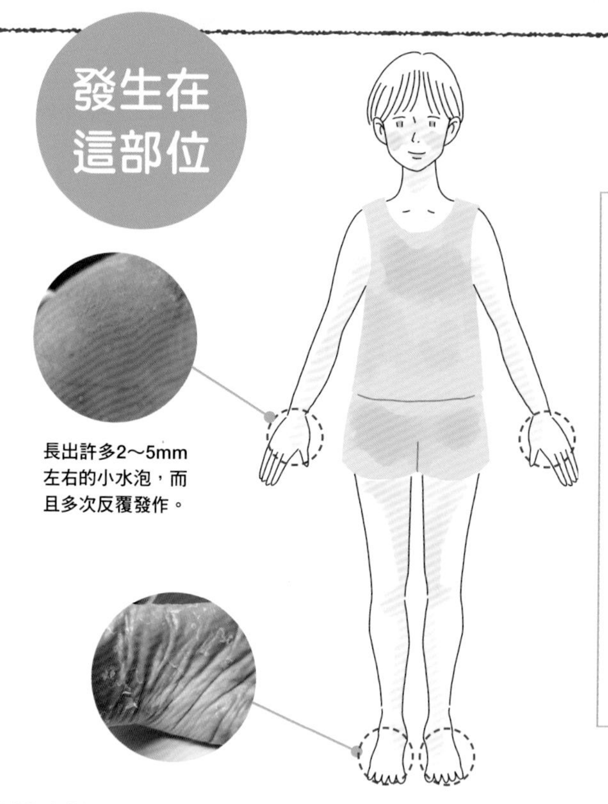

長出許多2～5mm左右的小水泡，而且多次反覆發作。

特徵&症狀

在手掌、手指的側面或腳底，伴隨著搔癢（只有異汗性濕疹而已），長出許多2～5mm小水泡的慢性皮膚炎。水泡變紅，滲出組織液，皮膚產生鱗屑。每隔數個月到數年會反覆發作，但是經常在2～3週之內就會自然消失（汗皰疹）。有時也會發生搔癢或是發炎（異汗性濕疹）。雖然發病的確切原因目前還不清楚，但是據指出這與金屬過敏有關。

醫院照護、處方藥是這個

- 類固醇（外用）
- 角質溶解劑（尿素製劑、水楊酸凡士林）
- 抗組織胺藥物

對於足部白癬類固醇外用藥無效

對於白癬菌使用類固醇外用藥治療無效，足癬反倒會變更嚴重，要使用抗真菌藥物（參照第126頁）。

很容易被誤認的疾病

▶掌蹠膿皰症、白癬（足部白癬）

相對於汗皰疹的水泡是透明的，掌蹠膿皰症的水泡則是不透明的黃色。此外，足部白癬是被稱為白癬菌的真菌所引起的，會傳染給他人（參照第126頁），而汗皰疹被認為是皮膚的發炎或過敏反應引起的，因為不是病毒性疾病，所以不會因而傳染給他人。

這時皮膚怎麼了？

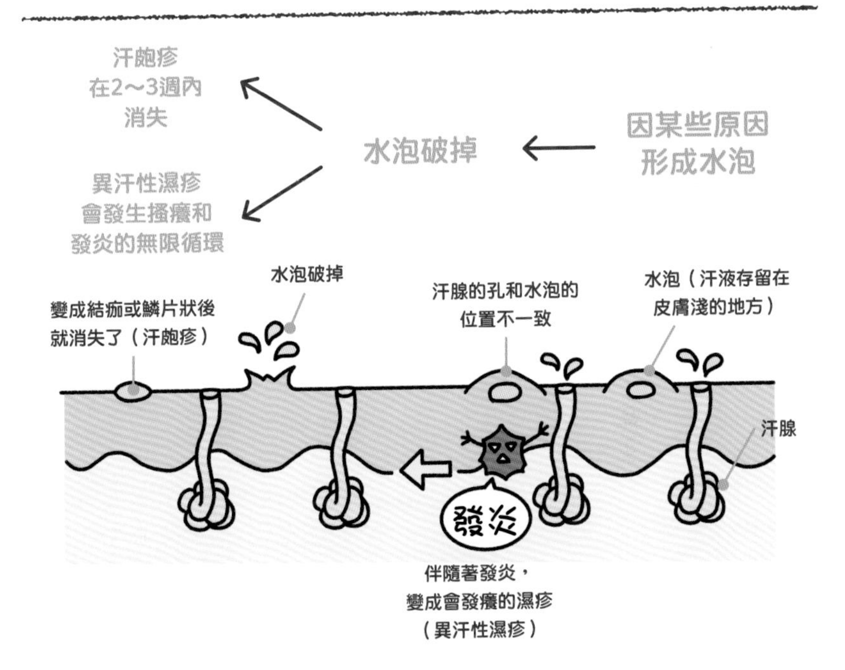

居家照護請這樣做

請記住 不要搔抓

搔抓之後一旦造成創傷，皮膚的屏障機能會受到損害，對於外來的刺激變得過敏，有時會陷入引起發炎或搔癢的惡性循環。

頻繁地 進行保濕

汗皰疹是手部濕疹（參照第118頁）的前一階段。水泡破掉的地方，皮膚的屏障機能會下降。要勤加保濕。

注意 不要弄破水泡

一旦弄破水泡，有可能從那裡感染細菌，所以不要弄破水泡，使用藥物控制發癢的感覺比較好。

不要用力地 清洗過度

一旦清洗過度，皮脂就會流失，導致皮膚的屏障機能下降。要盡量減少洗濯的工作。

洗濯工作或酒精消毒是起因！難受的發癢或疼痛持續著……

手部濕疹（手部粗糙）

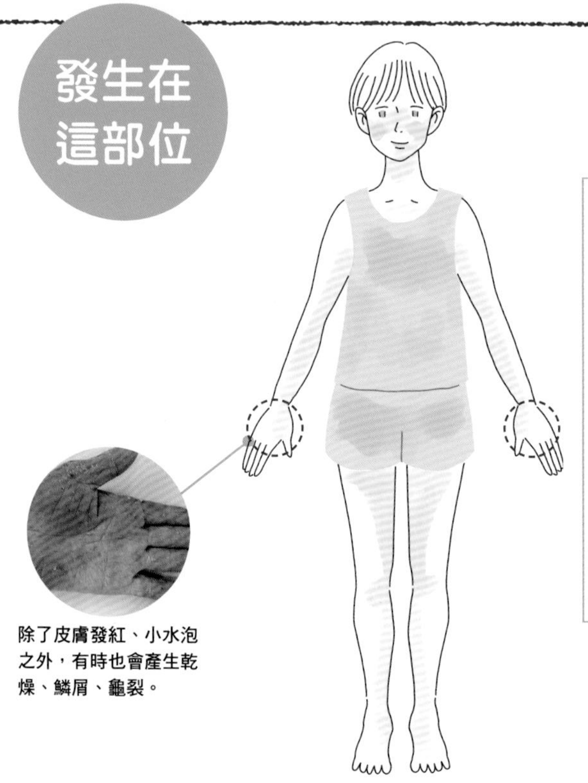

除了皮膚發紅、小水泡之外，有時也會產生乾燥、鱗屑、龜裂。

特徵&症狀

因為用水清洗或消毒會使皮脂減少，角質層剝落，而變得很容易受到外來的刺激，而出現發紅、裂紋、小水泡等。有因為清潔劑等造成的物質刺激所產生的刺激性接觸皮膚炎，以及對於某種物質引起過敏反應的過敏性接觸皮膚炎（參照第120頁）。症狀有急性和慢性之分，治療方法也不一樣。

搔癢

發紅

水泡

疙瘩

鱗屑

疼痛

醫院照護、處方藥是這個

- 保濕劑
- 類固醇（外用）
- 抗組織胺藥物（內服）

保護手部不受刺激

冬季時，即使手部只是吹到風也會變乾燥，導致症狀惡化。因此，外出的時候請養成戴上手套的習慣。如果是與過敏有關的濕疹，請避免與過敏原接觸。

很容易被誤認的疾病

▶手部白癬、乾癬

白癬是白癬菌這種真菌引起的感染症（參照第126頁）。手部白癬是手指之間的皮膚會薄薄地剝落，或是會形成小水泡，在皮膚科檢查有可能診斷出來。乾癬是在皮膚上長出紅色的濕疹（參照第144頁）。濕疹是角質像白色的瘡痂一樣重疊，一經搔抓就會剝落。

這時皮膚怎麼了？

一旦惡化就會變成慢性發炎 ← 產生龜裂或搔癢（急性期） ← 皮脂減少，屏障機能低落 ↙ 因清潔劑或消毒而受到刺激 ↖ 對於特定物質產生過敏反應

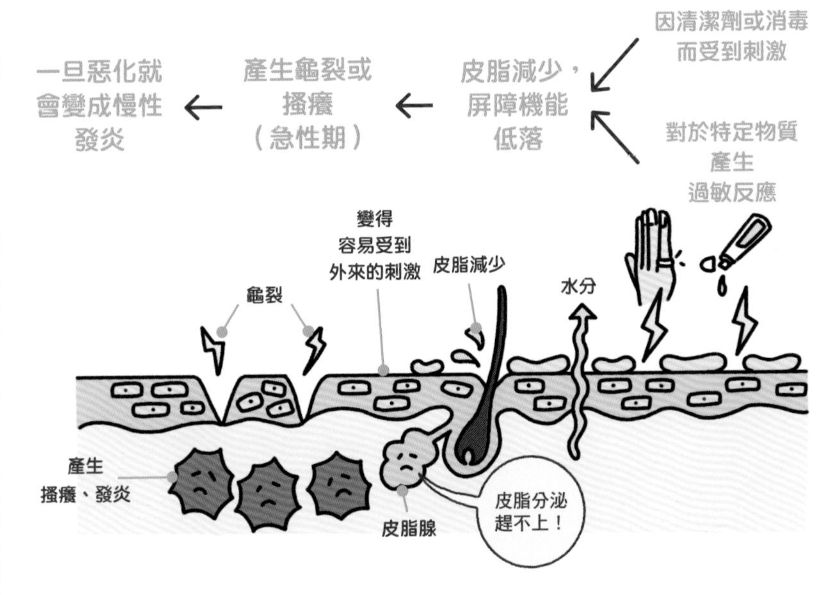

居家照護請這樣做

短暫接觸療法有驚人的改善效果

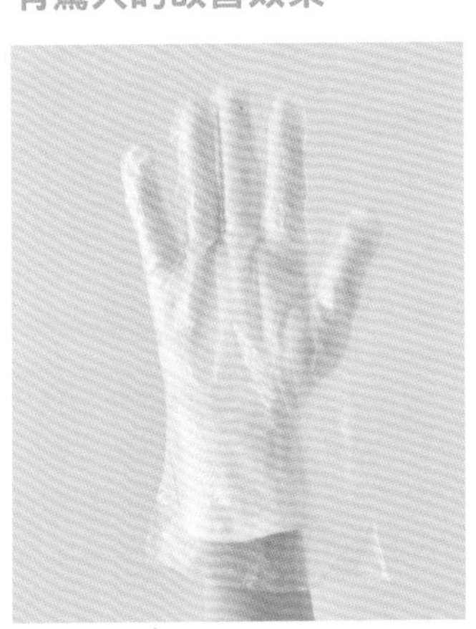

①洗手之後以化妝水保濕、②塗抹類固醇外用藥、③戴上塑膠手套一小時、④洗手之後塗抹保濕劑、⑤戴上棉手套就寢。每天重複執行短暫接觸療法，症狀就能獲得改善！

要記得防止乾燥

進行洗濯工作時要使用橡膠手套（會因橡膠而發癢的人可先戴棉手套，再套進橡膠手套裡）。洗濯工作、洗手之後要徹底擦乾手上的水分，每次都使用添加神經醯胺的化妝水等進行保濕。如果會沾染消毒液，以洗手為優先。消毒液要使用低刺激性的產品。

發紅

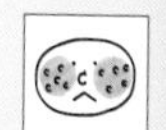
疙瘩

搔癢

水泡

一接觸某些特定物質就會出現的濕疹、搔癢、水泡

接觸性皮膚炎

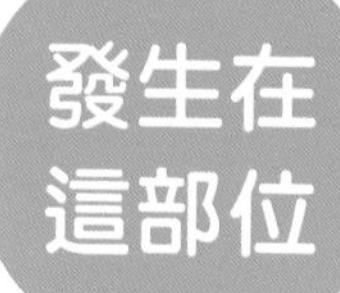

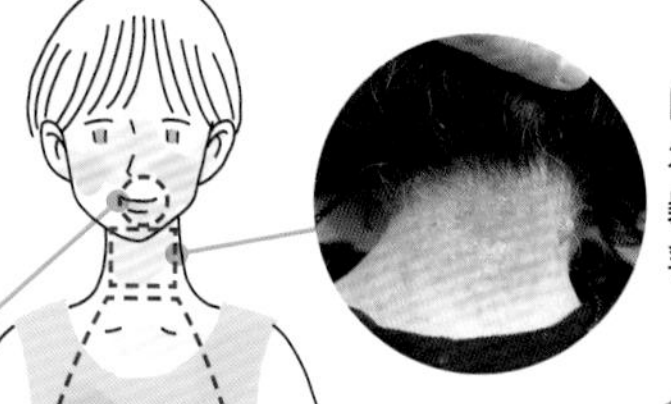
因金屬製的項鍊、香水、美髮造型劑、染髮劑、洗髮精・潤髮乳等所引起的。

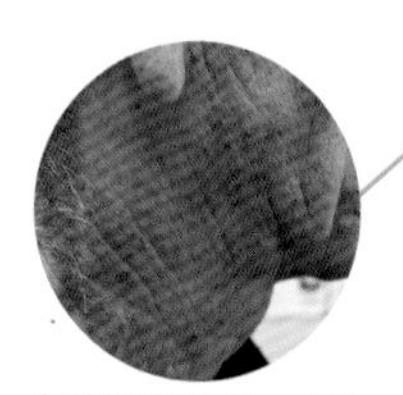
有時是因唇膏、化妝品、潔牙粉或口罩所引起的。

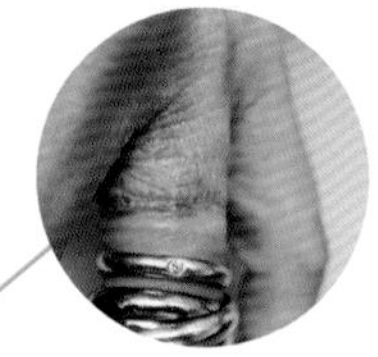
因為手錶、手鐲、清潔劑、植物、橡膠手套、樂器等所引起的。

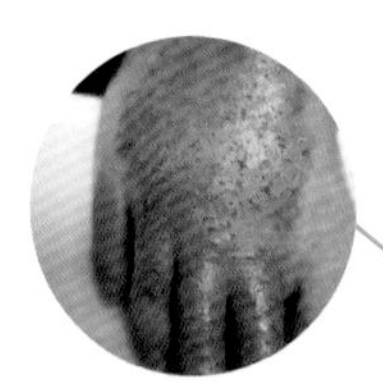
因襪子、鞋子、衣服、外用藥等所引起的。

濕疹性的發炎反應。因為接觸到病原而發病，引發的物質可區分為刺激性物質和過敏性物質，形成伴隨著發紅的搔癢、疙瘩、水泡。病原形形色色，有植物、食物、金屬、橡膠製品、清潔劑、外用藥等。去除病原，用藥物抑制發炎和搔癢。

醫院照護、處方藥是這個

- 類固醇（外用）
- 抗組織胺藥物（內服）

注意別誤用市售藥品！

因為判斷是足癬而塗抹市售的足癬藥物，導致搔癢、流出組織液的案例愈來愈多。

出現這類症狀時請就醫

- 出現伴隨著搔癢的皮膚發紅、疙瘩
- 除了上述的症狀，也會出現水泡

這時皮膚怎麼了？

刺激性接觸皮膚炎

因為發炎而出現疙瘩或發紅 ← 皮膚（特別是表皮）直接受到損傷 ← 接觸到某種刺激

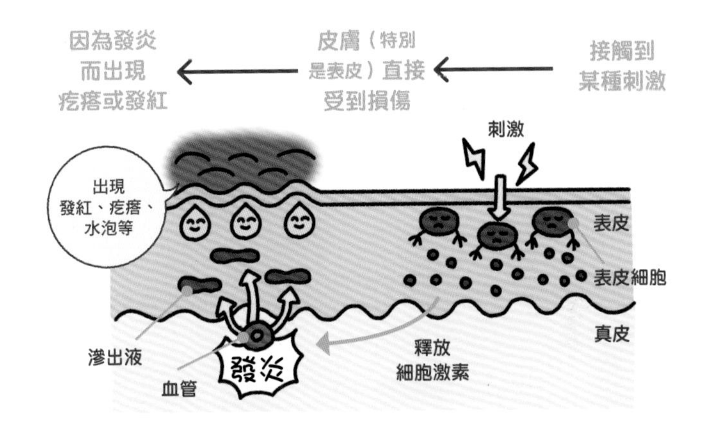

過敏性接觸皮膚炎

因為發炎而出現疙瘩或發紅 ← 從淋巴球釋放出細胞激素 ← 再度接觸到過敏物質 ← 蘭格罕細胞提示抗原 ← 接觸到過敏物質

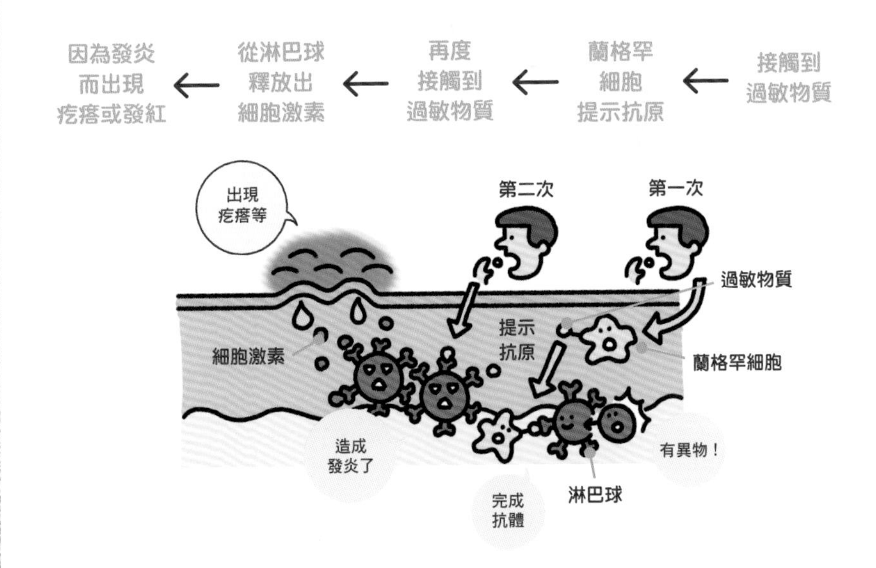

像針刺般的疼痛、發紅、水泡出現在身體的單側

帶狀皰疹

發紅

水泡

瘡痂

疼痛

發生在這部位

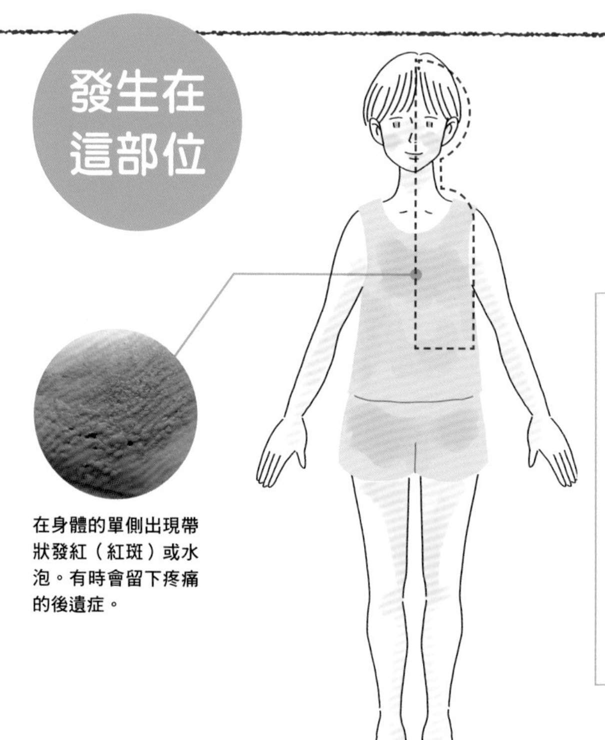

在身體的單側出現帶狀發紅（紅斑）或水泡。有時會留下疼痛的後遺症。

特徵&症狀

因為水痘帶狀皰疹病毒（VZV）而發作。第一次感染時稱為「水痘」。病毒會潛伏在體內，等到抵抗力下降時再度搗亂（再活性化），變成帶狀皰疹。只有半邊的身體會出現紅腫的帶狀紅斑。多數是因為過度疲勞、壓力或免疫力低落所引起的。

醫院照護、處方藥是這個

【抑制VZV的活動】

- 抗皰疹病毒藥物（阿昔洛韋、伐昔洛韋、泛昔洛韋、阿米那韋等）

【急性期的疼痛治療】

- NSAIDs（含有乙醛）
- 類固醇（內服、點滴）　等

【帶狀皰疹後神經痛治療】

- 普瑞巴林
- 苯磺酸米洛沙巴林
- 維生素B12
- 神經妥樂平
- 中藥

出現這類症狀時請就醫

- 身體的單邊有如針刺般火辣的疼痛感等
- 紅色小水泡集中以帶狀形式發作

一週以內吃藥

如果沒有在早期階段吃藥的話就不會有效果。請記得沒有居家照護。

這時皮膚怎麼了？

病毒再活性化 ← 猶如針刺一般 ← 出現發紅或水泡 ← 2～3週內就會好轉，有時會留下後遺症

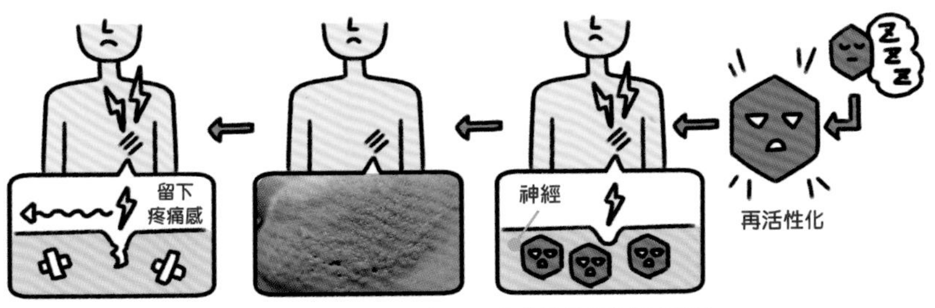

沿著神經支配領域出現疼痛、刺痛感或搔癢。

這個範圍內過幾天會長出紅斑、水泡、膿包、瘡痂。

因為延誤治療，有時會留下後遺症，疼痛持續三個月以上。

如果不想染上帶狀皰疹的話

疼痛時熱敷比冷敷好

帶狀皰疹的疼痛不可以用冷敷。因為帶狀皰疹是神經障礙，所以使用隨身懷爐等熱敷，使血液暢通，輸送營養到神經，藉此緩解疼痛。後遺症的疼痛，發生在臉部或是年紀愈大的人，疼痛會更劇烈。

超過五十歲以上要打疫苗

水痘的疫苗，雖然在兒童時期打過一次，但是隨著年紀漸長，效果也逐漸減少。如果在五十歲左右先再打一次疫苗，就不容易感染帶狀皰疹。

避開壓力、疲勞

壓力或疲勞會使免疫力下降，所以不只帶狀皰疹，還很容易罹患各式各樣的疾病。要避免因挑食而營養失衡的飲食或睡眠不足。

記得要適度的運動

要從事散步或健走等，體溫會達到稍微上升程度的運動。避免長時間的激烈運動。在一天當中的某個時段稍微做點日光浴，也可以提升免疫力。

每當疲累時嘴唇等部位就會反覆長出水泡

單純皰疹病毒感染症

疼痛

水泡

瘡痂

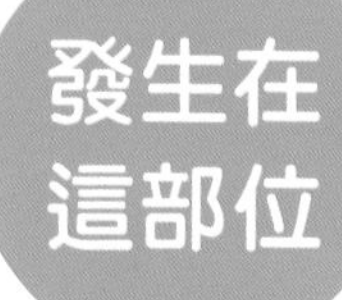

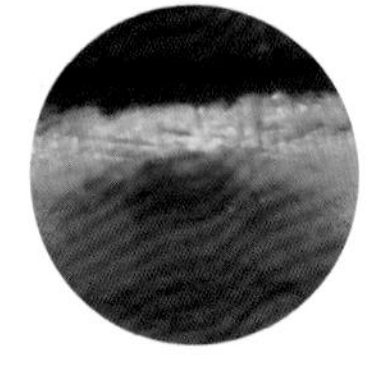

在嘴唇及其周邊長出伴隨著疼痛的水泡。大約一週左右可痊癒。

▶ 生殖器皰疹

在性行為的2～10天之後，出現伴隨著疼痛感的水泡或是窟窿（潰瘍）。

伴隨著疼痛的水泡反覆發作。因接觸到患部而感染。壓力、疲勞、感冒、曬傷為四大原因。此病症分為兩型，有第一型和第二型，第一型大多發生在嘴唇（唇皰疹）。第二型則是出現在生殖器。如果受到異位性皮膚炎控制不良的影響，有時小水泡會擴大到整個臉部或全身（疱疹性濕疹）。

抗皰疹病毒藥物（阿昔洛韋、伐昔洛韋、泛昔洛韋等）

發病起五天內服藥是關鍵

市售的塗抹藥膏無法治好，應儘早前往醫院就診。因為是病毒感染所引發的症狀，所以使用類固醇外用藥會使症狀惡化。

出現這類症狀時請就醫

- 嘴唇及其周邊、生殖器等處出現伴隨著疼痛或發紅的水泡
- 好發部位有蟲爬似的搔癢感或火辣的刺痛感

為何會反覆發作？

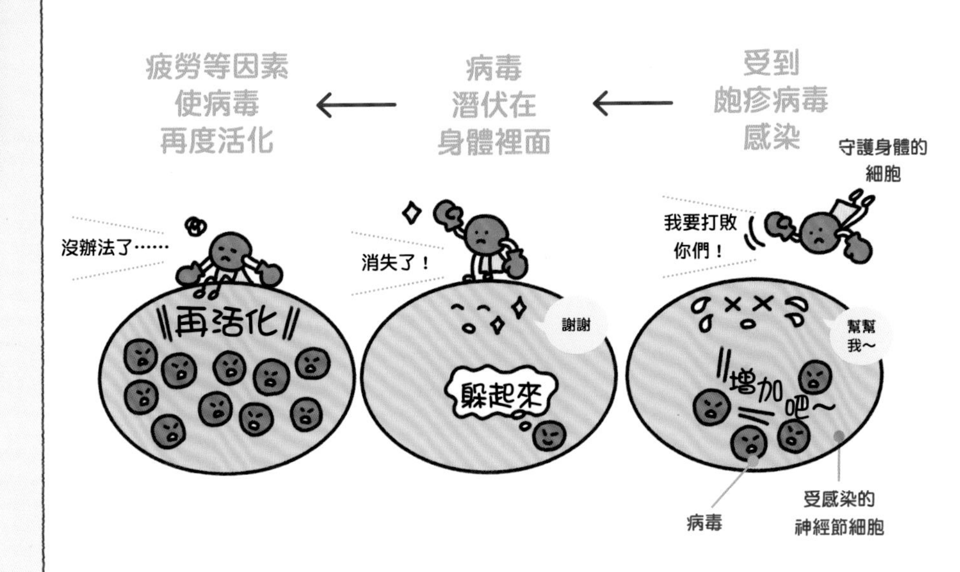

居家照護請這樣做

不要勉強
剝除瘡痂

雖然因為介意外觀所以很想把瘡痂剝除，但是勉強剝除的話會延緩痊癒的時間，而且有時也會留下疤痕。

不要累積
疲勞或壓力

疲勞或壓力會使皮膚的抵抗力變弱，所以病毒很容易再度活化。擁有營養均衡的飲食、適度的運動、適切的睡眠是預防病毒再活化的最佳方法。紫外線也會減弱皮膚的抵抗力，所以要避免暴露在紫外線當中。

接觸患部之後
要洗手

水泡裡面含有許許多多的病毒，所以在接觸患部之後，手指一定要用肥皂清洗乾淨。

不要與他人
共用生活用品

因為皰疹病毒具有非常強的感染力，所以要避免將毛巾之類的生活用品與其他人共用。

趾甲或腳趾之間出現強烈搔癢、濕濕的水分

白癬（白癬菌感染）症

搔癢

水泡

發紅

瘡痂

鱗屑

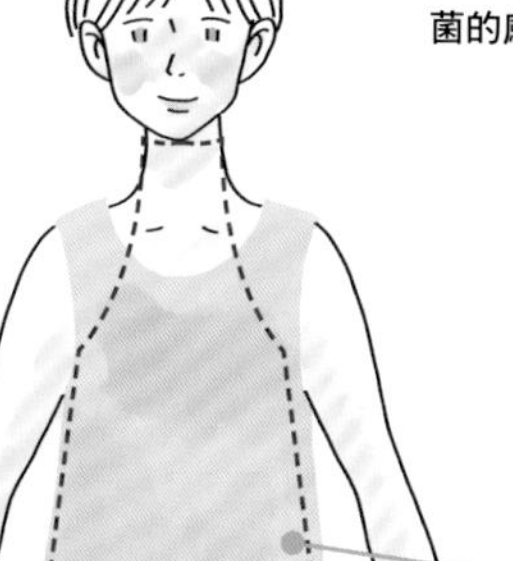

▶ 頭部白癬

頭髮受到皮膚絲狀真菌的感染而發作。

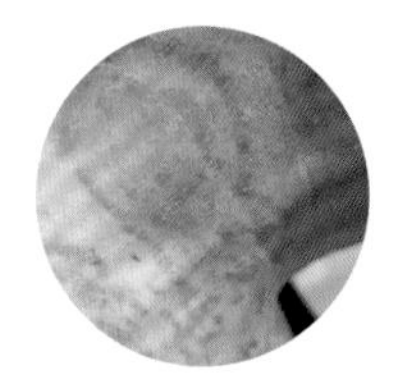

▶ 身體白癬

出現環狀紅斑。有時周邊會出現鱗片狀的鱗屑或水泡。

角化型

小水泡型

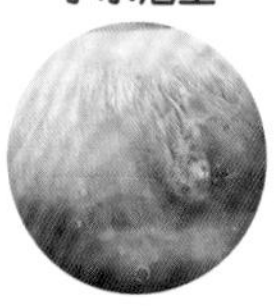

趾間型

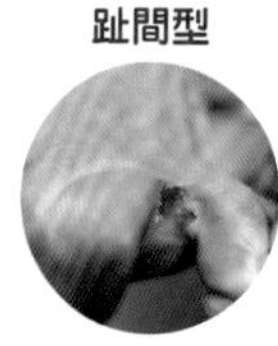

▶ 足部白癬

俗稱為香港腳。在腳底或腳趾之間出現水泡或鱗屑。有時皮膚潰爛之後也會產生龜裂。

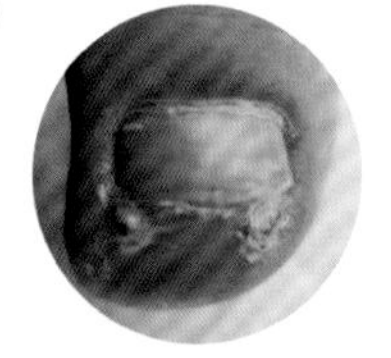

▶ 指甲白癬

趾甲變灰增厚，或是變形。

特徵＆症狀

起因於白癬菌（黴菌）的感染症。不同的部位有著不同的病名。會出現在足部、指甲、頭部、身體。

醫院照護、處方藥是這個

【足部白癬】●抗真菌藥物（外用）

【指甲白癬】

- 抗真菌藥物（〈口服〉特比奈芬、福斯拉夫康唑、伊曲康唑）
- 抗真菌藥物（外用）

⚠ 不可以靠自己判斷而停止用藥

⚠ 這樣的誤解要注意

▶ 不會輕易傳染

足部白癬最常發生家庭內感染。兩大感染源分別是入浴前更衣室的腳踏墊，以及赤腳與他人共用拖鞋，並不會經由共用浴池或沖洗身體的地方以及換洗的衣物而受到傳染。

這時皮膚怎麼了？

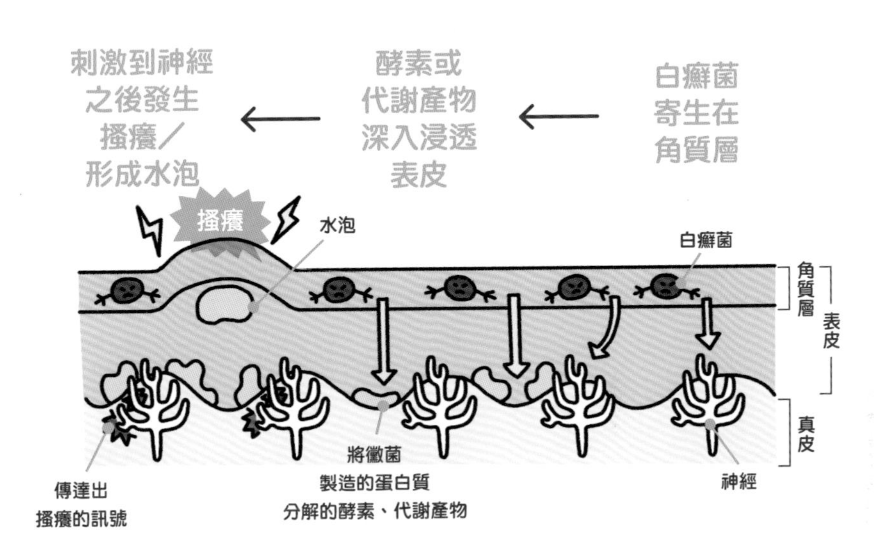

居家照護請這樣做

腳踏墊、拖鞋不要與他人共用

更衣室的腳踏墊、拖鞋、入浴後的浴巾不要與他人共用，一定要個人單獨使用。入浴後使用浴巾由上而下依序擦拭身體，最後擦完腳之後，才將浴巾放入洗衣機。

頻繁地使用吸塵器

單只是光著腳走在木質地板上那樣的程度，還不致於感染白癬菌，但是如果腳部有傷口的話，還是有可能受到感染。請頻繁地使用吸塵器，先將白癬菌吸除乾淨吧。

足部白癬要清洗患部，保持乾淨

保持雙腳乾淨比什麼都重要。洗淨之後要徹底擦乾，不要讓雙腳濕淋淋的而不處理。

在痊癒之前要很有耐心地塗藥

在痊癒之前停止治療的話，重新發作的可能性很高。在醫師判定痊癒之前，需很有耐心地持續治療。要完全痊癒大約需要3～6個月的時間（指甲白癬很難治好）。

年紀愈大愈容易罹患！出現像斑點的紅斑、肌膚乾燥粗糙

日光性角化症

發紅

瘡痂

鱗屑

發生在這部位

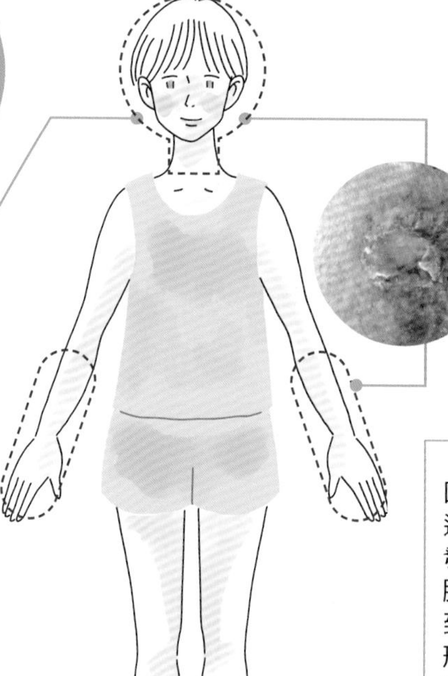

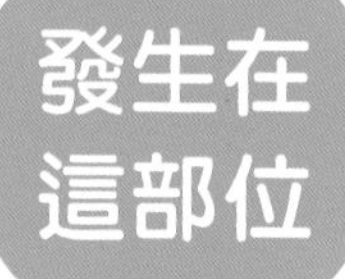

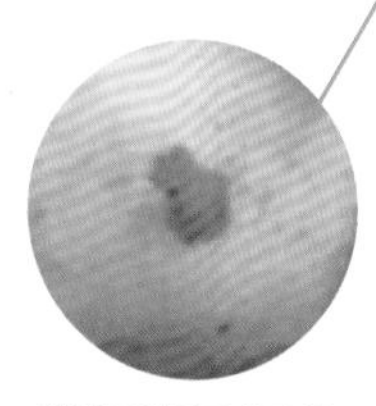

邊緣界線不明確的紅斑，或是變成鱗片狀皮膚剝落的落屑，偶爾還會伴隨著瘡痂（痂皮）。

在很容易曬到陽光的頭部、臉部、頸部（頸根部）、手背（手指甲），經常可見。

特徵＆症狀

因為長期暴露在紫外線中造成的第零期皮膚癌。好發於高齡者，經常出現在臉部或手背等，容易照射到紫外線的部位。會長出形狀不規則的紅斑，形成鱗屑。一旦角化傾向很強的話，就會變得像刺一樣尖銳，一碰觸就像扎針一樣刺痛。

醫院照護、處方藥是這個

- 咪喹莫特 ● 5-氟尿嘧啶

以外科治療為主

一般都是以外科手術切除。還有以液態氮將患部冷凍（凍結療法）、削除（刮除）、以電流燒灼（電氣燒灼術）、雷射蒸散術、干擾素局部注射等其他治療方法。

出現這類症狀時請就醫

- 有紅色的斑狀斑點
- 有表面乾燥粗糙的斑點
- 有潮濕的斑點

這時皮膚怎麼了？

產生紅斑、落屑 ← 癌化的表皮細胞在表皮內增生 ← 長久暴露在紫外線中

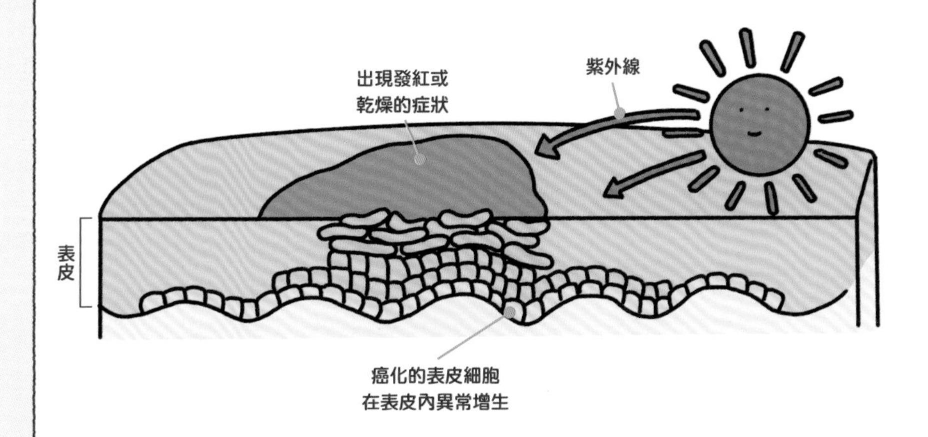

居家照護請這樣做

減少暴露出肌膚

夏季也要穿著長袖衣服，在日照強烈的日子外出時，要使用帽子或太陽眼鏡等遮蔽，保護肌膚免於紫外線的傷害。

防禦紫外線不可偷懶

當一整天都待在室內的時候，也要使用防曬乳。

及早採取對策預防惡化

日光性角化症是「鱗狀細胞癌」此種皮膚癌最早期的病變。及早治療可以預防轉移成進行癌。

定期檢查斑點

日光性角化症幾乎不會有疼痛或搔癢這類自覺症狀。有時要照照鏡子，仔細觀察自己的臉，檢查是否出現讓您在意的斑點等。

黑痣的搔癢、疼痛、出血、急速的變化是危險的信號

惡性黑色素瘤

腫瘍

疼痛

搔癢

發生在這部位

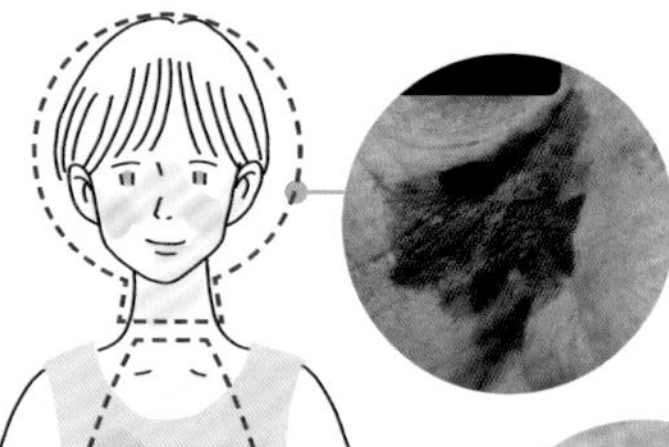

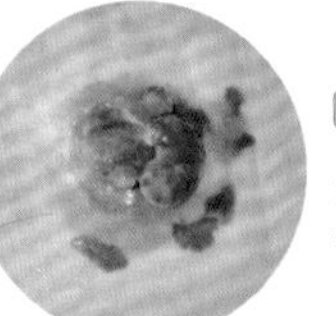

▶ 惡性痣型

出現在臉部、頸部、手部等露出來的身體部位。罹患者以高齡者居多。

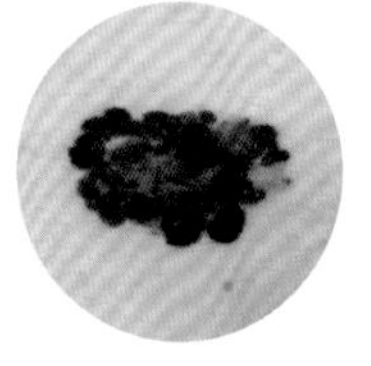

▶ 表淺擴散型

出現在軀幹或手腳。以白人患者居多，而日本人患者也在增加當中。

▶ 結節型

全身每個部位都可能出現。

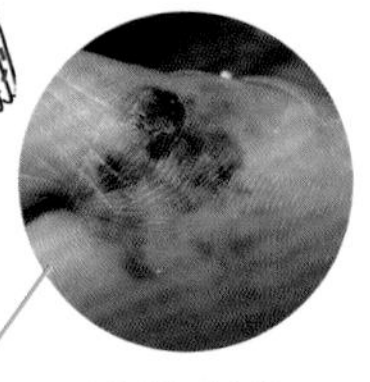

▶ 肢端痣型

出現在腳底、手掌或指甲等處。以日本人占最多數。

照片提供：平野真也博士（結節型）
為政大幾先生（淺表擴散型、惡性痣型、肢端痣型）

特徵＆症狀

黑色素細胞（參照第21頁）腫瘤化後增殖形成的皮膚癌症，英文稱為melanoma。轉移速度迅速，是皮膚癌之中惡性度最高的癌症。六十歲以上的高齡者容易罹病。

醫院照護、處方藥是這個

- 免疫檢查點抑制劑
- BRAF抑制劑
- MEK抑制劑
- 干擾素

第一治療是外科的處置

可疑的黑痣要靠皮膚鏡檢查（使用特殊放大鏡的檢查）或活體組織檢查（採集病變部位詳細地檢查）等來確認。

出現這類症狀時請就醫

- 如出現惡性黑色素瘤的ABCDE（左頁）中任何一項
- 黑痣發生出血、搔癢、疼痛、急速的變化（形狀、顏色等）

這時皮膚怎麼了？

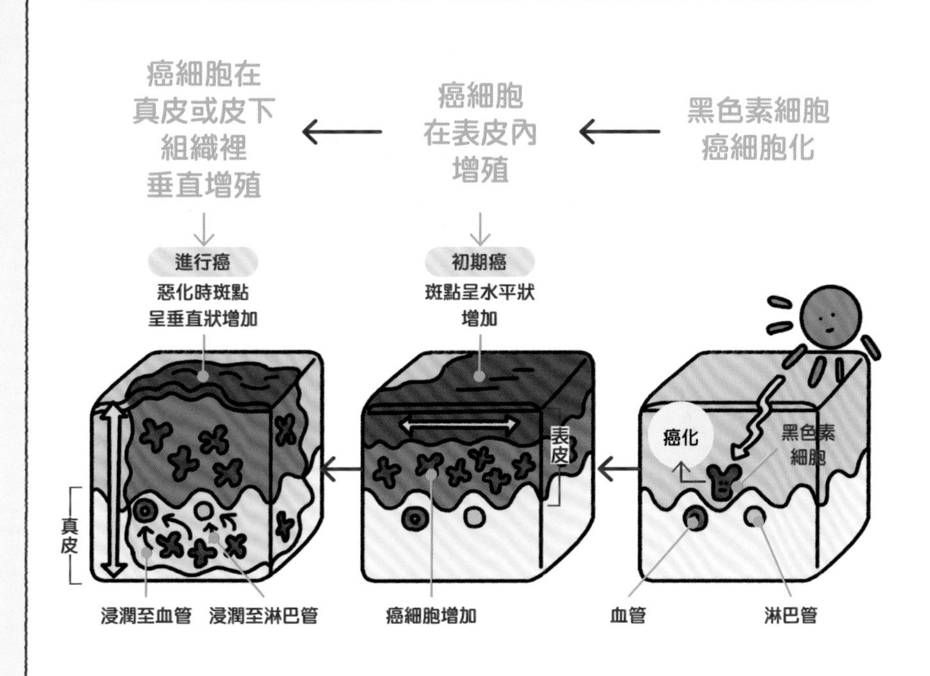

惡性黑色素瘤的 ABCDE

Asymmetry
不對稱性

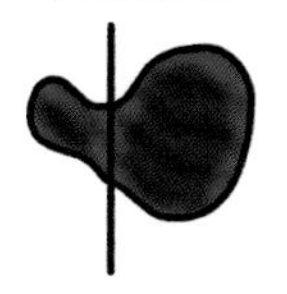

呈現左右不對稱的形狀。

Border
邊界

皮膚和黑痣的邊界不明確，呈現鋸齒狀，而非平滑的曲線。

Color
顏色

黑痣的顏色不均勻，與其他黑痣的顏色大不相同或顏色較深。

Diameter
直徑

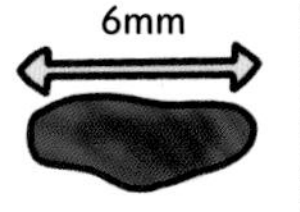

寬度超過了大約6mm以上。

Evolution
變化

三十歲之後新長出來的黑痣，而且顏色或形狀已經產生了變化。

如果有這些**變化**的話要注意

出現在臉部或背部的疙瘩

尋常性痤瘡（青春痘）

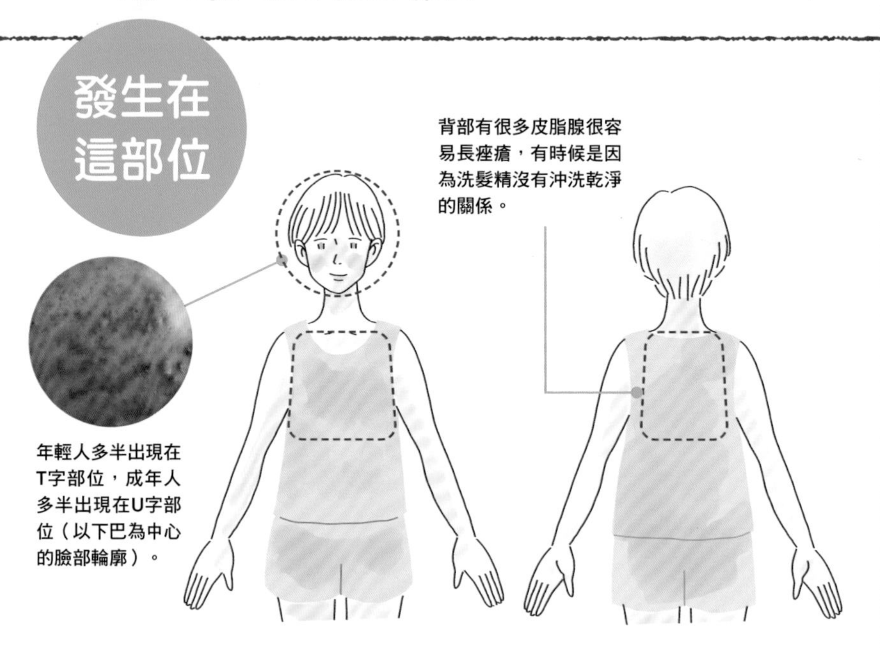

特徵＆症狀

這是年輕人從開始分泌雄激素（男性荷爾蒙）的青春期到成為成年人這段期間，會罹患的皮膚疾病。如果惡化的話，有時會留下痘疤。痤瘡的治療在日本適用於健保給付，但是痤瘡疤痕的治療則是屬於美容醫學的領域。

醫院照護、處方藥是這個

【沒有發炎的情況（面皰）】
- 阿達帕林（外用）
- BPO（將因粉刺而堵塞的毛孔進行換膚的藥品）

【有發炎的情況（丘疹、膿疱）】
- 抗菌藥物（外用）
- 抗菌藥物（口服）：四環素類抗生素、巨環內酯類抗生素　等　● 中藥

出現這類症狀時請就醫

- 長出很多白頭粉刺、黑頭粉刺
- 毛孔化膿，發紅

採用短時間見效的治療

讓藥物短時間接觸皮膚的短暫接觸療法效果很好。塗抹藥力很強的藥物後，讓它暫留在皮膚上十分鐘後清洗乾淨。反覆進行此種療法。

這時皮膚怎麼了？

受到雄激素的影響，皮脂分泌增加 ← 毛孔的開口產生角化的情形 ← 誘發發炎的因子聚集在毛囊的周圍 ← 因發炎惡化而產生丘疹、膿包

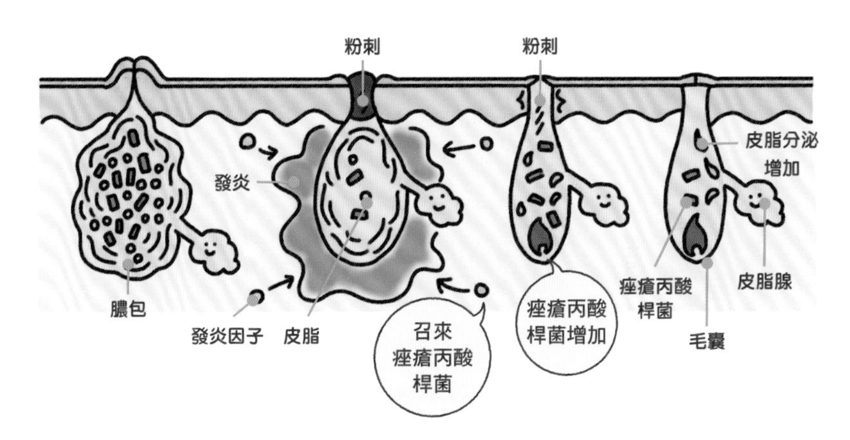

居家照護請這樣做

面皰不要使用抗菌藥物

面皰是皮脂阻塞在毛孔的狀態，藉由換膚來清除阻塞的皮脂成為治療方法。然而，以防止發炎的抗菌藥物來治療面皰是無效的。

痘疤的治療由美容醫學上場

因為痘疤有的凸起、有的凹陷，還會變成紅色、褐色、黑色的斑點，所以這些問題都需要治療。痤瘡弄破之後形成的疤痕，即使治療之後也無法消除，所以要在弄破之前進行治療。

洗臉和保濕的基礎保養很重要

因為皮脂一旦堆積在毛孔，痤瘡丙酸桿菌等細菌就會開始增殖，所以要好好地洗臉去除皮脂。洗完臉之後，記得要做好保濕。

有發炎的狀況時，使用市售藥品也可以

面皰在初期階段時還沒有發炎，所以只有抑制發炎效果的市售藥品無效。如果是丘疹或膿包的話，使用市售藥品治療也可以，但是如果塗了一週之後都沒有改善的話，就要前往醫院就診。

夏季來臨時長出會發癢的疙瘩是汗腺阻塞造成的！

汗疹、多汗症

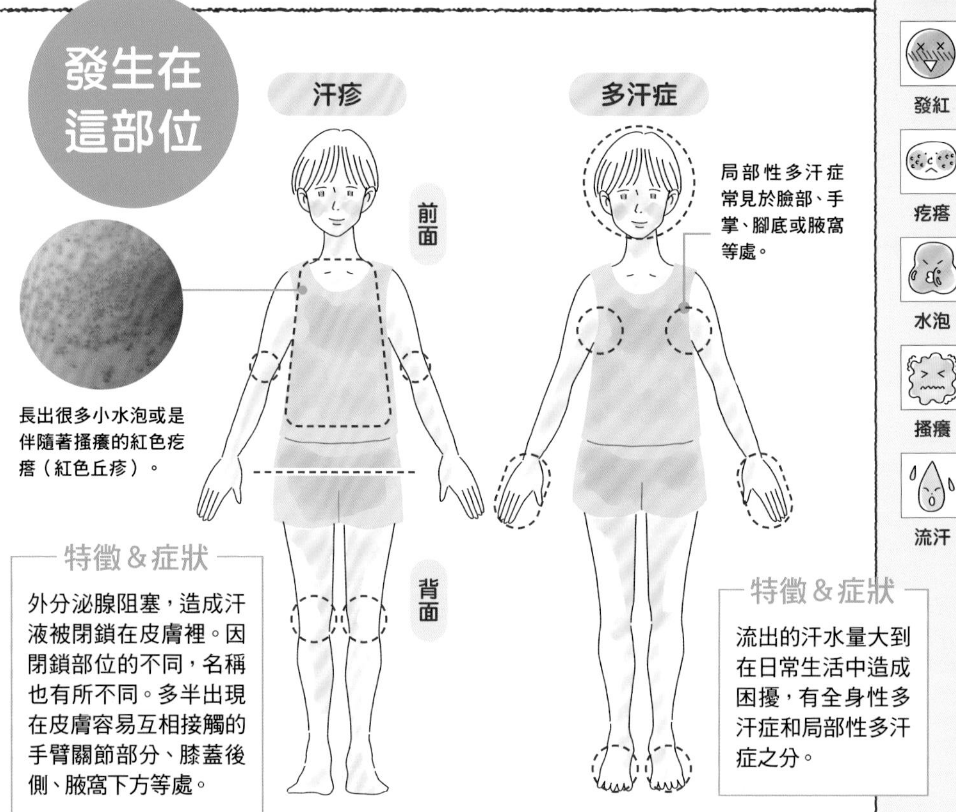

特徵＆症狀（汗疹）

外分泌腺阻塞，造成汗液被閉鎖在皮膚裡。因閉鎖部位的不同，名稱也有所不同。多半出現在皮膚容易互相接觸的手臂關節部分、膝蓋後側、腋窩下方等處。

特徵＆症狀（多汗症）

流出的汗水量大到在日常生活中造成困擾，有全身性多汗症和局部性多汗症之分。

與接觸性皮膚炎不同

汗疹所引起的發炎，是因為外分泌腺阻塞的關係。汗水引起的接觸性皮膚炎則是因汗液中的鹽分或礦物質造成刺激所產生的過敏反應。因為與汗疹有所不同，所以有疑問的話，前往醫院求診很重要。

醫院照護、處方藥是這個

【汗疹】
- 類固醇（外用）
- 抗菌藥物（伴隨感染時）

【多汗症】
- 氯化鋁（外用）
- Sofpironium Bromide凝膠（外用）
- 抗膽鹼劑

對於多汗症還有注射肉毒桿菌素或電離子導入的治療方式。

這時皮膚怎麼了？

汗疹

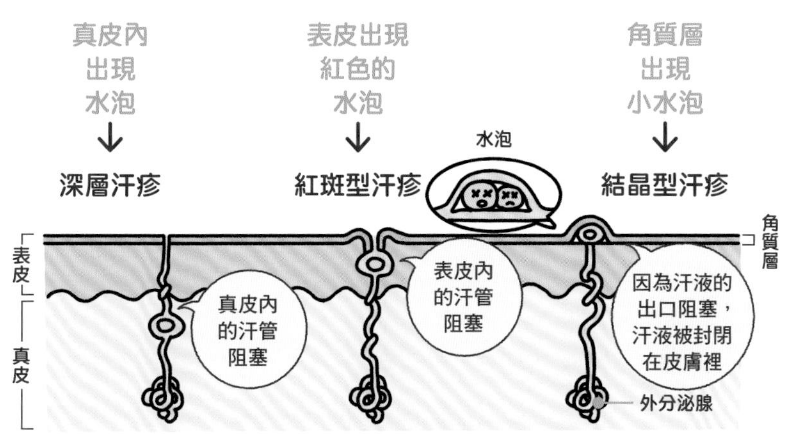

居家照護請這樣做

汗疹

避免高溫多濕

利用空調設備等管控室內的溫度、濕度，使皮膚保持涼爽乾燥的狀態。在寒冷的季節也要避免穿太多而流汗。

流汗之後及早以淋浴沖洗乾淨

為了防止細菌增加，流汗之後以淋浴的方式沖洗乾淨也很重要。不過，清洗過度也會造成皮膚乾燥或皮膚菌群失去平衡，所以使用肥皂或洗髮精以一天一次為限。淋浴之後皮膚要充分保濕。

多汗症

查明原因後前往醫院治療

全身性	原發性	原因不明
	續發性	・甲狀腺機能亢進症 ・糖尿病　・感染症 ・膠原病　・神經疾病 ・惡性腫瘤　・肥胖 ・藥劑（精神藥物等）
局部性	原發性	・因緊張或運動而發汗亢進 ・掌蹠多汗症、腋窩多汗症 ・顏面多汗症等
	續發性	・FREY氏症候群 ・皮膚疾病（外分泌腺母斑等） ・末梢神經障礙

如果是續發性多汗症，基本上會進行原因疾病的治療。

雜菌吸收汗液、皮脂、角質之後產生臭氣！

體臭

發生在這部位

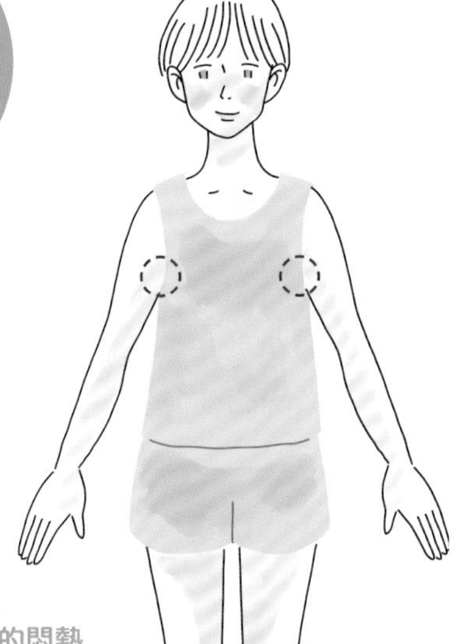

特徵＆症狀

體臭是因為皮膚表面的常在菌分解了汗液、皮脂、角質而產生的。皮膚有外分泌腺和頂漿腺（參照第30頁），造成體臭的汗液是由頂漿腺所分泌出來的。頂漿腺主要分布在腋窩和生殖器附近的部位，分泌出來的汗液含有許多的蛋白質和脂質等成分，因此很容易受到雜菌的影響，而讓臭味很容易變得很強烈。

腳部的臭味只來自汗液的悶熱

腳底的角質與「因汗液造成的悶熱潮濕狀態而繁殖」的雜菌（皮膚常在菌），在發生反應之後產生了臭味。腳底只有外分泌腺沒有皮脂腺，因此也不受皮脂的影響。

醫院照護、處方藥是這個

- 氧化鋅　• 氧化鎂
- 抗氧化劑（維生素E等）
- 抗菌軟膏（含有克林達黴素、紅黴素的藥品）

如果難以治療的話，還有將腋窩下的皮膚切開後切除頂漿腺的方法、以及用超音波切除的方法等。

這樣的誤解要注意

▶狐臭會感染？

坊間流傳著「狐臭（腋窩的體臭）會傳染」這樣的傳聞，但因為狐臭不是感染症而是體質的關係，所以是不會傳染的。

這時皮膚怎麼了？

雜菌分解
汗液、皮脂、
角質之後
產生臭味

流汗之後
就這樣
置之不理

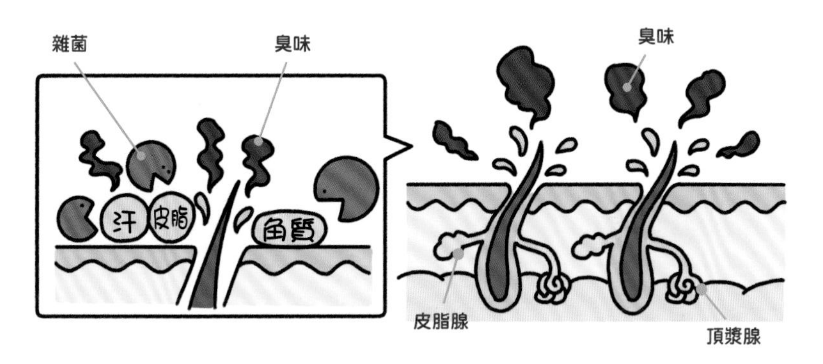

想知道的小常識

▶隨著年齡增長而有所改善

體臭是在頂漿腺發育的青春期之後才產生的，一般認為隨著年齡的增長而會漸有改善。

▶有軟耳垢者有狐臭

狐臭是體質問題，具有遺傳性。據說濕型耳垢的人，大多數都有狐臭問題。

居家照護請這樣做

注意飲食，保持清潔

肉類、奶油、巧克力等的動物性蛋白質，或是脂肪多的食材會使得體臭更強烈，所以攝取的分量要節制，最好積極地將能抑制體臭的蔬菜、蕈菇、優格等納入日常飲食之中。每當流汗過後就要確實地淋浴，使用含有殺菌成分的潔膚皂，效果會非常好。不過，為了避免皮膚乾燥，肥皂的使用次數最多一天一次。徹底沖洗乾淨之後，好好擦乾身體也非常重要。除此之外，也可以善加利用含有氧化鋅、氧化鎂等的除臭商品。

https://bijinhyakka.com/archives/1008432

指甲變成綠色、黃色、黑色！

指甲的異常

嵌甲

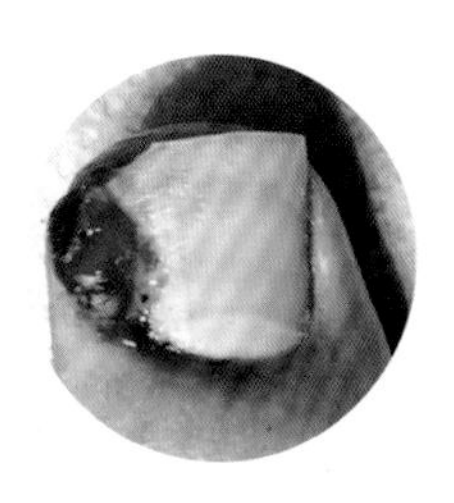

因為將指甲剪到貼肉等原因，指甲陷入周圍的皮膚裡面，導致走路時產生疼痛。為了消除疼痛而將指甲剪得更短，而使得指甲周邊產生發炎、化膿，造成捲甲的情形產生。預防的方法是不要把指甲剪得太短，指甲的長度要與指尖相等，或是比指尖大約長1mm左右。形狀則建議水平剪齊，保留角度的「方形剪法」。穿上尺寸合腳的鞋子也很重要。

應對方法

【棉花填塞法（棉花法）】
自己就可以完成的應急處置。像是洗完澡之類的，趁指甲柔軟又乾淨的時候，將乾燥的棉花揉圓成米粒大小，用鑷子夾入指甲和指肉之間。反覆進行，讓指甲正常延長，漸漸不會陷入指肉裡面。

【壓克力人工指甲法】（在醫院治療）
將壓克力樹脂安裝在指甲上面來保護指甲，幫助指甲正常延長。

【金屬線法】（在醫院治療）
在指甲的前端鑽孔，插入金屬線，藉由金屬線拉伸的力量來矯正捲甲。

指甲的斷裂、缺損

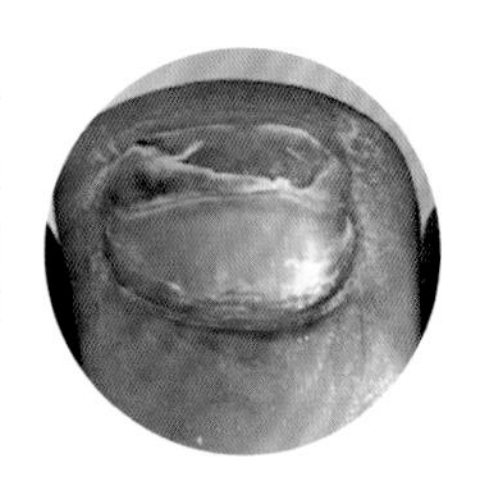

當指甲的主要成分蛋白質的角蛋白不足時，有時指甲會出現斷裂或缺損。年齡的增長、美甲或使用去光水、洗濯工作造成的乾燥、營養（尤其是鋅）不足、紫外線造成的曬傷等，都是指甲受損的原因。指甲的乾燥也可能起因於指甲層狀分裂症（兩片甲），因此指甲也要做好保濕，這點很重要。

應對方法

留意指甲營養不足或乾燥的問題，要攝取製造指甲的成分蛋白質、維生素或礦物質類。盡量不要頻繁地製作美甲或使用去光水，要使用指甲保濕劑保養指甲。

https://halmek.co.jp/beauty/c/healthr/5480

從指甲問題考慮到的疾病

- 營養不良
- 肺氣腫
- 卵巢功能障礙
- 高尿酸血症
- 先天性心臟病
- 肺癌
- 甲狀腺機能亢進
- 神經疾病
- 肝臟疾病

等

黑甲症

帶狀色素沉澱

指甲上面出現縱向的黑色條紋。雖然多數都會自然消失，但是如果條紋的寬度變大，或是顏色變深的話，也有可能是惡性黑色素瘤的先兆。

考慮到的病因

- 色素性母斑
- 惡性黑色素瘤
- 黑斑息肉症候群
- 血腫

應對方法

- 到醫院治療病因

瀰漫性色素沉澱

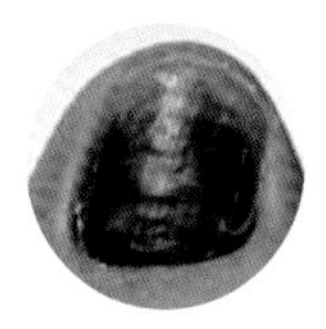

某些原因讓指甲底下皮膚的黑色素細胞變很活躍，指甲全變黑色。患處大多在消除原因後即可痊癒，但也有可能是惡性黑色素瘤（參照第130頁）的前兆。

考慮到的病因

- 腎上腺皮質機能低下
- 威爾森氏症
- 紫質症
- 惡性黑色素瘤
- 血腫

應對方法

- 到醫院治療病因

綠指甲

指甲變成綠色。一般認為是綠膿桿菌這種黴菌，從指甲和皮膚之間侵入之後造成的指甲感染，做了光療指甲的人多半都會出現這個症狀。

考慮到的病因

- 綠膿桿菌感染（常與指甲白癬合併發生）
- 真菌感染

應對方法

- 抗菌藥物、抗真菌藥物（外用）的使用
- 使指甲保持乾燥

黃指甲症候群

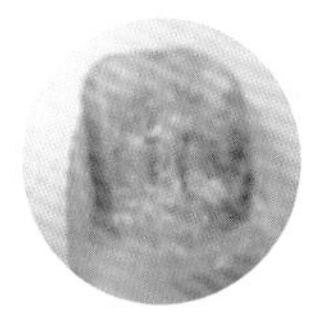

所有的指甲都變成淡黃色，並且會無法長長。淋巴水腫、慢性呼吸器官疾病合併時會發作。指甲變得很難長長而變厚時，有時候會和指甲底下的皮膚剝離。

考慮到的病因

- 營養不良
- 黃疸
- 慢性支氣管炎
- 支氣管擴張症

應對方法

- 到醫院治療病因

頭髮瞬間大量脫落！

圓禿、AGA、FAGA

圓禿

這是後天性的脫髮症，會突然出現邊界明確的圓形脫毛斑。可以區分成五個類型，使用類固醇等藥物來治療。

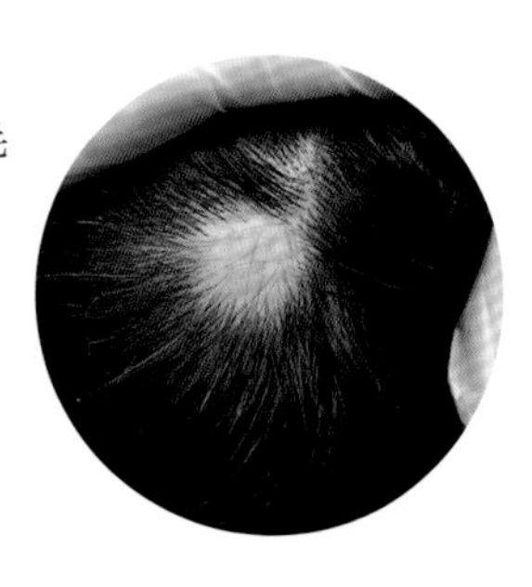

圓禿的五個類型

常見型	單次侷限禿	突然在單處出現邊界明確的落髮斑塊
	多次侷限禿	在多處出現邊界不明確的落髮斑塊
蛇行禿		從後頭部到側頭部可以見到在頭髮的髮際線有邊界很明確的落髮
全頭禿		頭髮大部分都脫落了
宇宙禿		不只頭髮，連眉毛或體毛也脫落了

應對方法

【外用藥物】
- 類固醇
- 卡普氯銨
- 米諾地爾

【口服藥物】
- 類固醇
- 抗過敏藥
- 頭花千金藤素®
- 甘草酸製劑

如果是難治型的圓禿，可以施行冷凍療法、紫外線光照療法、類固醇脈衝療法、局部免疫療法等。

圓禿自我檢測

- ☐ 頭髮斷裂得很短
- ☐ 一拉頭髮很容易就掉落
- ☐ 頭部有可看到頭皮的地方
- ☐ 指甲出現凹凸不平或橫紋溝
- ☐ 起床時，枕頭上有好幾根以上的落髮
- ☐ 每天掉落很多細小的短髮
- ☐ 落髮的毛根部分呈尖細的狀態

一天50～100根的落髮屬於正常範圍。除此之外，上述的項目當中，如果符合兩項以上的話就要前往醫院就診。

AGA、FAGA

AGA（雄性禿）是因為男性荷爾蒙（雄激素）的作用在前頭部或頭頂部，發生持續性脫髮的疾病。FAGA（女性雄性禿）的特徵是以頭頂部為中心，往外擴大範圍，變成長出細軟的頭髮，整體變得沒有髮量。近來患者人數急速增加，但是它的原因目前還不明確。

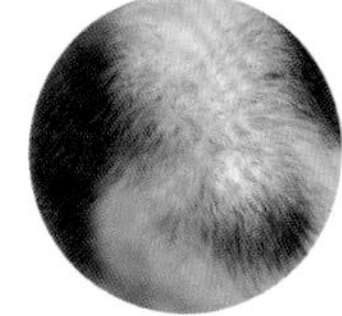

AGA

FAGA

▶AGA的三個類型

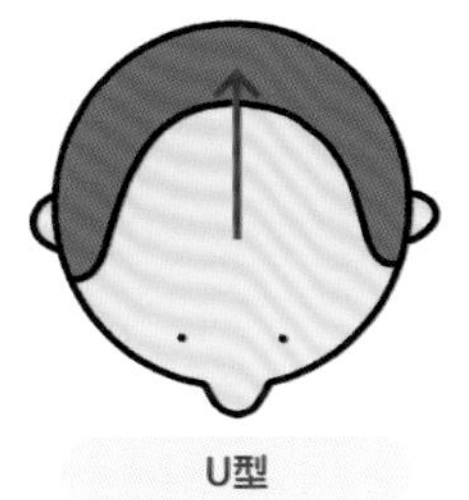

U型

髮際線往後退。

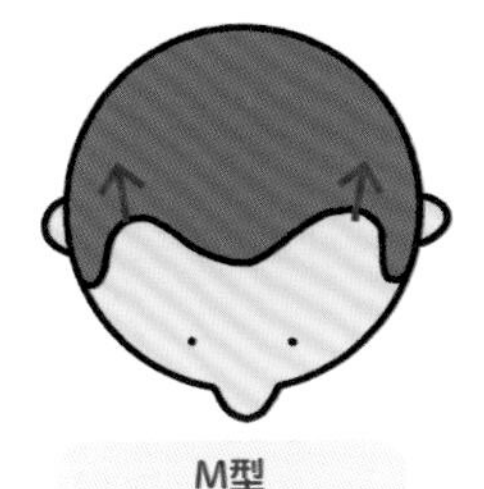

M型

從額頭兩側以M字型往後退。

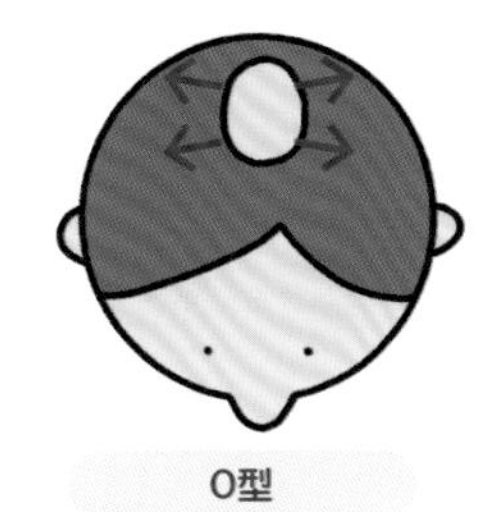

O型

髮量從後頭部開始往外變稀少。

應對方法

其他

▶自體毛髮植髮術

將後頭部的頭髮連同皮膚組織抽出，移植到擔心禿頭的部位。如果藥物治療沒什麼效果的話可以施行，費用需一百萬日圓左右。

▶LED、雷射

將紅色LED或低能量的雷射光線照射在頭皮上，活化毛乳頭。這個方法對肌膚產生的負擔少，效果也受到肯定。透過與甘草酸製劑等外用藥物合併使用，效果更好。費用需二十五萬日圓左右～。

藥物治療

▶5α還原酶抑制劑

口服藥。非那斯特萊、度他雄胺。可以抑制DHT（二氫睪酮）的產生。不過，對於女性的治療效果還沒有受到認可。

▶甘草酸製劑外用

外用的生髮劑。男女皆有效。

▶也建議補充含鋅保健食品

鋅對於頭髮的生長很重要。據研究結果顯示，FAGA有八成的患者，血液中鋅的濃度很低。

突然出現像地圖一樣的斑塊，又立刻消失

蕁麻疹

▶ 血管性水腫

眼睛或嘴唇腫脹。有時需要數天的時間才會消腫。因為有時是遺傳性的因素造成的，所以要藉由血液檢查確認。

▶ 膽鹼型蕁麻疹

因入浴或運動時的冒汗造成刺激而發作。濕疹是約1～4mm左右的大小，大多發生在10～30歲的年輕人身上。

▶ FDEIA

食物依賴型運動誘發過敏反應。除了蕁麻疹，還同時出現了呼吸困難、感覺不舒服、喪失意識等不適症狀。

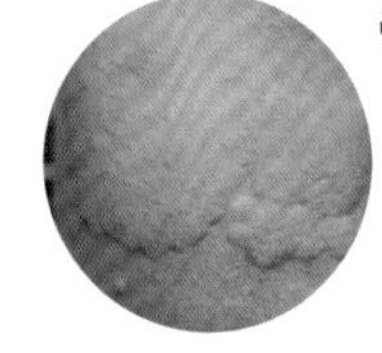

▶ 急性蕁麻疹

發作之後不滿六週的話是急性蕁麻疹，六週以上則成為慢性蕁麻疹。在還是急性的時期找專科醫師就診的話可以痊癒。

特徵＆症狀

突然間有一部分的皮膚發紅隆起（膨疹），這樣的狀態持續數小時到二十四小時，然後消失無蹤。對食物或植物的過敏、感染症、運動、氣溫的變化等，有各式各樣的發病原因。

醫院照護、處方藥是這個

- 抗組織胺藥物（口服）
- 中藥
- 類固醇的全身投藥（FDEIA）

⚠ 有可疑的症狀時要立刻前往醫院

在蕁麻疹當中，FDEIA是攸關生死的可怕疾病。哪怕只有一點點懷疑，都請立刻前往醫院就診。

出現這類症狀時請就醫

- **進食後運動的話會出現蕁麻疹，身體變得不舒服**

出現這種情況時很有可能是FDEIA，也要留意咳嗽、心悸、腹痛、呼吸困難、血壓下降、喪失意識等症狀。FDEIA是在吃了會誘發症狀的食物後做運動，就會發作的過敏反應。

這時皮膚怎麼了？

二十四小時以內就會消失 ← 出現地圖狀的斑塊 ← 從肥大細胞釋放出組織胺 ← （非）過敏反應引發肥大細胞活化

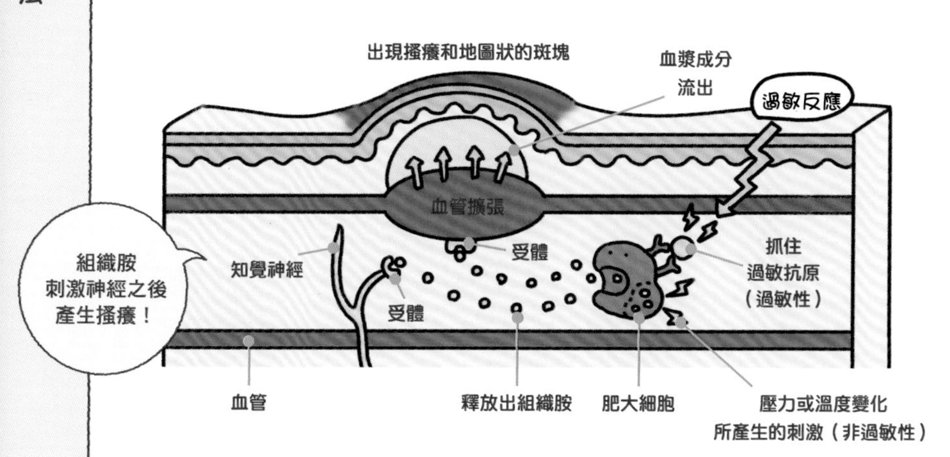

居家照護請這樣做

不要接觸過敏原

調查會成為過敏原的物質，如果可以避開它的話就盡可能預先防範。

最新治療是這個

▶奧馬佐單抗（Omalizumab）注射

口服的抗組織胺藥物無法見效的話，就會使用生物製劑。其中以喜瑞樂®（Xolair）為代表，效果雖好但日本健保醫療個人需負擔三成費用，一次也需17500日圓（扣除醫療費、有高額療養費制度）。一般療程是每月1次×3個月以上的投藥。

有耐心地吃藥

只要完全遵從醫師的處方服藥，就可以痊癒。服藥兩個月之後，如果一直沒有症狀發生，就可以漸漸減少藥量。有些人會購買市售藥品自行治療，或是靠自己的判斷停止服藥，因而轉為慢性蕁麻疹，這樣的案例屢見不鮮。

當心疲累或壓力

一旦感到疲累或有壓力，病情很容易惡化，所以要多加留意。

皮膚像頭皮屑一樣剝落下來

乾癬

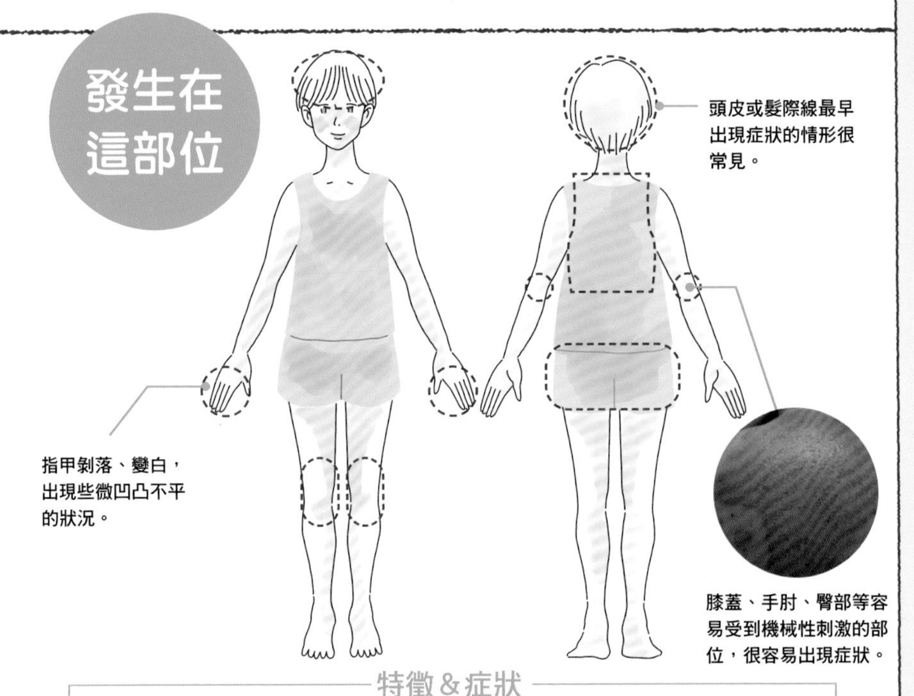

特徵&症狀

在乾癬當中最常發生的就是尋常型乾癬，數量占病例的九成。症狀是全身的皮膚會泛紅（紅斑），慢慢地隆起之後變硬，鱗屑會附著在表面上，最終則會像頭皮屑一樣剝落下來（落屑）。這是會反覆復發的慢性疾病，很容易合併代謝症候群。

病因依然不明

乾癬發作的時候，因為皮膚的新陳代謝會變得異常活躍，以比平常快約十倍的速度製造皮膚，所以角質層會變厚。乾癬的病因雖然還不是很清楚，但一般認為與免疫機能有關。

這樣的誤解要注意

▶乾癬會傳染？

因為不是病毒性的疾病，所以絕對不會傳染。在溫泉、泳池或美容院等處，不用擔心會傳染給他人。

這時皮膚怎麼了？

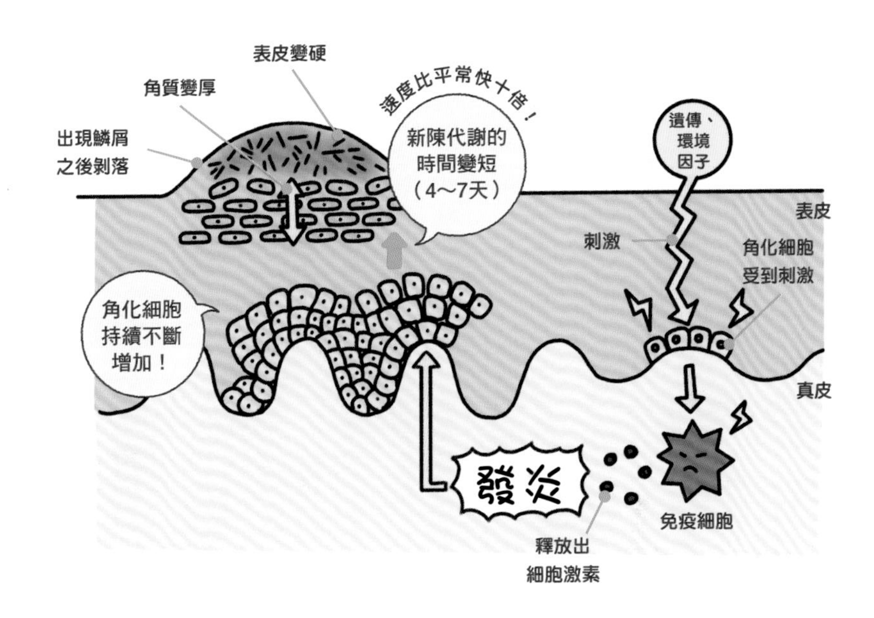

應對方法

▶要有耐心地進行分階段的治療

症狀比較輕微的時期，以靠塗抹藥物的局部療法為主。隨著患部擴大範圍，就要靠光照療法、口服療法來進行全身的治療。服用的藥物以針對會促進細胞激素產生的PDE4的抑制劑、免疫抑制劑等為主。抑制細胞激素作用的生物製劑，對於患者而言雖是救星，但日本健保醫療個人需負擔三成費用，高達十萬日圓以上（扣除醫療費、有高額療養費制度）。以其他的方法治療都沒有效的話，將它作為最後手段來使用，可以說是實際的作法。

若要最快治好粗糙的肌膚，建議採用類固醇治療

一般人對於類固醇的「負面」印象根深蒂固，導致避諱用藥的患者屢見不鮮，但是**如果能正確使用的話，類固醇絕對不是什麼可怕的藥物，而且對於引起皮膚發炎的疾病，也都有非常顯著的效果。**

特別的是，異位性皮膚炎的治療，已經漸漸地變成以使用類固醇外用藥物的「預防式療法」為主流。

而預防式療法指的是，從初期階段開始就持續將分量充足的類固醇外用藥物大量地塗在肌膚上，一直到發炎狀況消失、肌膚變得光滑為止；這種治療方式稱為「緩解誘導療法」。

在這個階段即使看起來好像已經痊癒了，但因為發炎的火種還殘留在肌膚內部，所以短時間內還是要定期塗抹類固醇外用藥物，持續一段時間，防止發炎復發或惡化（維持療法）。

對於「明明已經沒有發炎也沒搔癢卻要持續地塗藥」這件事，或許大家都會很抗拒，但是循序漸進地減少使用的藥量和強度，確實是能夠幫助病情漸漸好轉的。**在這段時期內，要是任意中斷用藥的話，症狀會重新發作，有時還會導致重症化、長期化。**一般認為那就是為什麼會有「使用類固醇造成異位性皮膚炎惡化」、「副作用很可怕」等等誤解產生的原因之一。

每個部位的類固醇吸收率都不相同

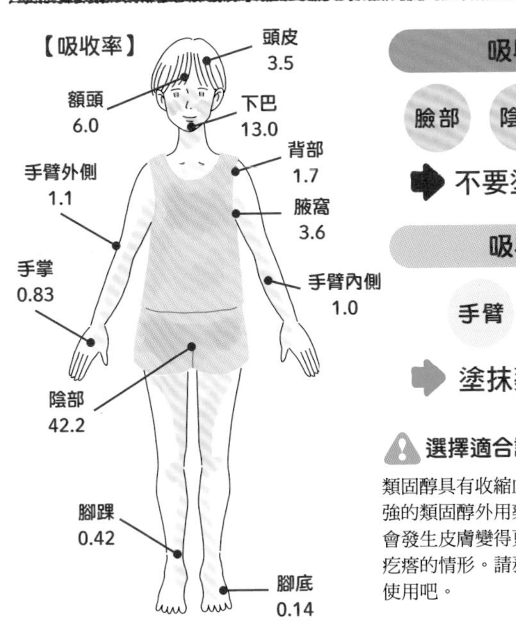

吸收率較高者

臉部　陰部　頭皮　腋窩

➡ 不要塗抹藥效強的藥物

吸收率較低者

手臂　腳部　手部

➡ 塗抹藥效強的藥物也OK

⚠ 選擇適合該部位或症狀的藥物

類固醇具有收縮血管的作用，如果持續將藥效強的類固醇外用藥物塗在皮膚薄的臉部，很常會發生皮膚變得更薄，或是出現搔癢、發紅或疙瘩的情形。請務必遵從醫師的指示，適切地使用吧。

最快速治療肌膚的類固醇療法

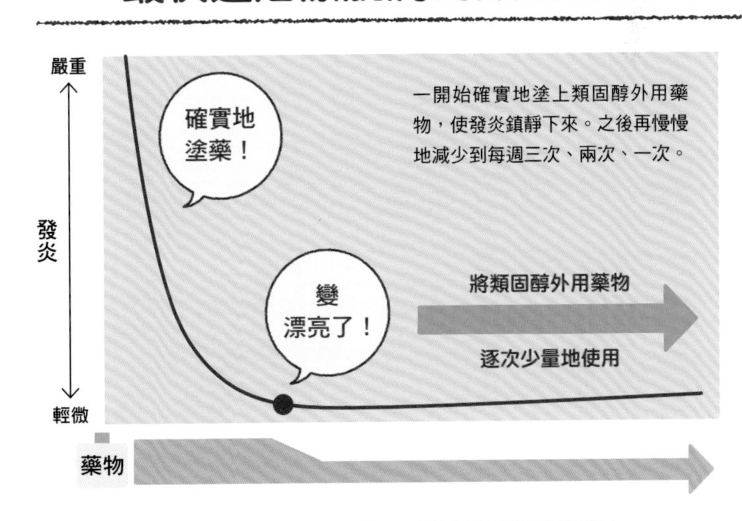

徹底解析大家的煩惱！類固醇的疑問

Q

一旦照射到紫外線皮膚就會變黑，是真的嗎？

A

雖然會因發炎所造成的色素沉澱而讓皮膚短暫的變黑，但在發炎痊癒之後就會慢慢消退了。

Q

骨頭會變脆弱，是真的嗎？

A

以口服藥物等長期地全身性投藥的話，骨頭有可能會變脆弱，但如果只有外用的話，則不會變脆弱。

Q

會囤積在子宮裡，是真的嗎？

A

以科學角度分析，不只子宮，類固醇藥劑的成分也不會囤積在體內。

Q

症狀好轉之後的注意重點是什麼？

A

使用預防式療法使症狀好轉之後，必須進行充分的肌膚保養，以避免肌膚的屏障機能下降。

Q

會變成一輩子都無法停藥，是真的嗎？

A

以科學角度分析，並不會產生依賴性。因為異位性皮膚炎是會反覆好轉和惡化的疾病，所以才會產生這樣的誤解。

Q

市售的類固醇外用藥物有效嗎？

在日本，市面上販售的類固醇外用藥物強度分為1～3級（台灣分7級）。不過，請在症狀還屬於輕度，或是無法立刻前往醫院的時候，才暫時作為救急來使用。

Q

類固醇外用藥的保存方法？

A

以拆封的容器存放的話，會造成雜菌繁殖、變色。請放在陽光照射不到的陰涼處保存，使用期限大約3～4個月。

Q

類固醇外用藥會滲入體內。可以停用嗎？

A

常常會遇到患者因為自行判斷停止使用類固醇外用藥，而導致病情反覆好轉和惡化的情況發生，所以如果有疑慮的話，請務必向醫師諮詢。

如果想要減少使用類固醇，建議改用中藥

東方醫學（中藥）是以草木、動物或礦物等，存在於大自然之中的物質作為原料，將這些物質所具備的效能組合在一起，改善各式各樣的症狀。相對於西方醫學（西藥）直接處理患部的對症治療，**中藥不只治療患部，還縱觀全身或體質，顧及改善體質**。

這是截然不同的兩種治療方法，各有所長也各有所短。近來，有愈來愈多的醫師活用兩方各自的長項進行治療。

我個人也從大約二十年前開始，在以異位性皮膚炎為首的「搔癢治療」當中引進東方醫學，而且逐漸獲得了成果。**比起只單純以西方醫學來治療，某位患者的復發機率大幅下降，類固醇外用藥的使用量，在開始治療之後的十六週內減少到百分之三十。**

使用中藥調整身體狀況來改善全身肌膚的狀態，並且使用類固醇外用藥物鎮定部分的發炎，靠著這雙重的效果成功地減輕搔癢的問題。

而且除了異位性皮膚炎之外，連改善眼睛或鼻子等的過敏症狀，或是使疲累或倦怠等身體狀況恢復正常，也都看得見效果。

在治療中納入東方醫學，對於想要減少類固醇用量的人而言，可說是最適當的選擇。

東方醫學和西方醫學的差異

中藥
屬於這個

東方醫學

調整
身體整體的平衡

想將身體的不適從體內徹底治好的醫學。雖然要花較久的時間，但是對身體的負擔較少。

類固醇
屬於這個

西方醫學

將身體的不適
局部分析後治療

以動手術或投藥的方式，對身體不適的部分進行直接治療的醫學，可以在短時間內治療好。

融合東西方醫學的治療是最理想的

中藥和類固醇外用藥物雙管齊下的好理由

以類固醇外用藥物
由外部治療

不適

以中藥
由內部調整

內外平衡
又漂亮

只靠中藥治療，有時也有難治之症

有的症狀也許可以只使用中藥來治療，但根據皮膚疾病的種類，有時也有難以治療的情況發生。如果希望獲得快速的治療，建議可以採用西方醫學，或者是東西醫雙管齊下的治療方式。

▶ 中藥和類固醇的關係

東京MX（日文影片）：
「超級醫師」節目

藥物基礎知識 4

如果要使用中藥，首先要了解自己的體質類型！

東方醫學的概念是藉由調整身體整體的平衡，來提高自然治癒力，徹底地從根源將疾病加以治癒。

西方醫學的優點在於，能夠在短期內治療疾病，而東方醫學雖然花費的時間會比較久，但優點則是對身體的負擔會比較少。我認為西方醫學和東方醫學各有其長處和短處，兩者相互搭配可以互補其不足。

至於要採用哪一種療法較為適合，則會依照患者的狀況不同而有所差異。一般來說，**像異位性皮膚炎這類由錯綜複雜的多重主要因素引起的慢性疾病，我認為東方醫學的治療方法（改善體質）能夠獲得很好的效果**。除此之外，本醫院在遇到下列情況的時候，多半都會建議患者合併使用中藥和類固醇。

①症狀不斷復發的人
②使用外用藥物或口服藥物治療不易見效的人
③擔心使用類固醇會帶來副作用的人
④不想使用類固醇的人

在使用中藥的時候，配合體質或症狀來服用變得非常重要。體質可分為「實證型」、「中間證型」、「虛證型」。首先檢測一下自己的體質符合哪個類型吧！

體質自我檢測

	實證	兩者皆非（中間證）	虛證
①體格、體型	□ 肌肉發達、胖而結實	□	□ 身型纖瘦、虛胖
②營養狀態	□ 良好、皮下脂肪很厚	□	□ 不良、皮下脂肪很薄
③肌膚	□ 水潤、有光澤、肌膚緊緻	□	□ 粗糙、沒有光澤、肌膚鬆弛
④臉色	□ 好	□	□ 不佳
⑤聲音	□ 大而洪亮	□	□ 纖細、微弱
⑥肌肉	□ 有彈性	□	□ 沒有彈性
⑦活動性、精神	□ 積極的、不易疲倦、容易興奮興奮	□	□ 消極的、容易疲倦、容易萎縮
⑧體溫調節	□ 夏：怕熱但不會疲累 冬：不怕冷	□	□ 夏：容易有夏日倦怠症 冬：怕冷
⑨盜汗	□ 不會盜汗	□	□ 容易盜汗
⑩飲食	□ 進食快速、食量很大	□	□ 進食緩慢、食量很小
⑪腸胃機能	□ 健壯、吃太多也沒問題	□	□ 虛弱、一旦吃太多會不舒服而下痢
⑫冷飲冷食	□ 沒問題	□	□ 很容易發生腹痛或下痢
⑬排便	□ 便秘1天就很不舒服	□	□ 好幾天沒有排便也沒問題
⑭指甲	□ 粉紅色而且平滑	□	□ 指甲有條紋或波浪紋

符合的項目較多者即為自己的體質類型。符合數大致相同，或是兩邊項目多數都不符合的人，判定為中間證。

中藥有效的症狀是這個！

實:建議用於實證
中:建議用於中間證
虛:建議用於虛證

手部濕疹

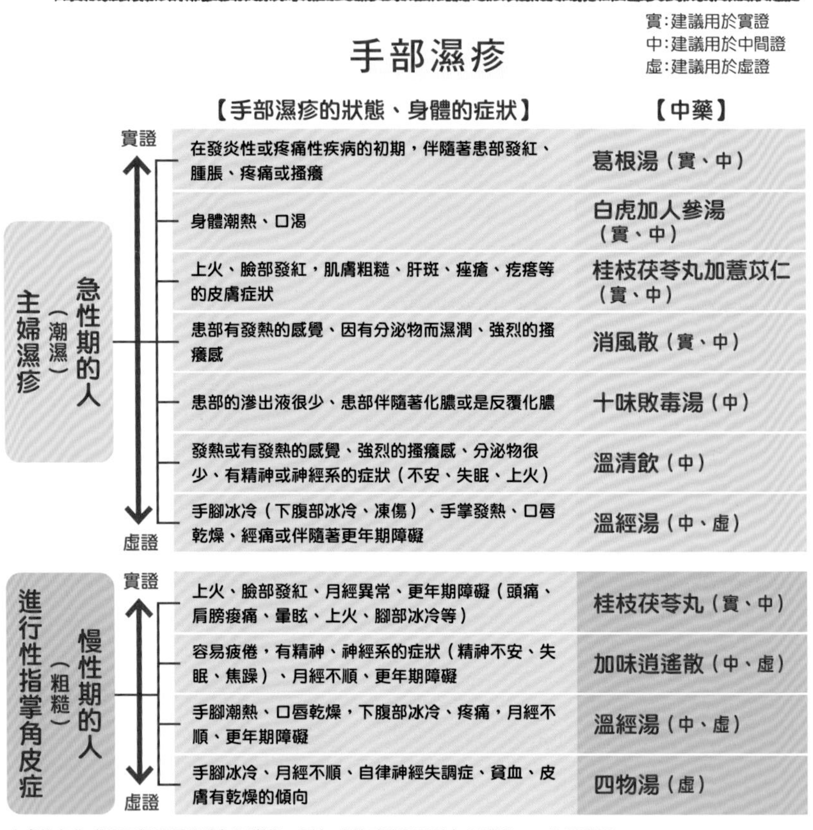

類型	證	【手部濕疹的狀態、身體的症狀】	【中藥】
急性期的人（潮濕）主婦濕疹	實證	在發炎性或疼痛性疾病的初期，伴隨著患部發紅、腫脹、疼痛或搔癢	葛根湯（實、中）
		身體潮熱、口渴	白虎加人參湯（實、中）
		上火、臉部發紅，肌膚粗糙、肝斑、痤瘡、疙瘩等的皮膚症狀	桂枝茯苓丸加薏苡仁（實、中）
		患部有發熱的感覺、因有分泌物而濕潤、強烈的搔癢感	消風散（實、中）
		患部的滲出液很少、患部伴隨著化膿或是反覆化膿	十味敗毒湯（中）
		發熱或有發熱的感覺、強烈的搔癢感、分泌物很少、有精神或神經系的症狀（不安、失眠、上火）	溫清飲（中）
	虛證	手腳冰冷（下腹部冰冷、凍傷）、手掌發熱、口唇乾燥、經痛或伴隨著更年期障礙	溫經湯（中、虛）
慢性期的人（粗糙）進行性指掌角皮症	實證	上火、臉部發紅、月經異常、更年期障礙（頭痛、肩膀痠痛、暈眩、上火、腳部冰冷等）	桂枝茯苓丸（實、中）
		容易疲倦，有精神、神經系的症狀（精神不安、失眠、焦躁）、月經不順、更年期障礙	加味逍遙散（中、虛）
		手腳潮熱、口唇乾燥，下腹部冰冷、疼痛，月經不順、更年期障礙	溫經湯（中、虛）
	虛證	手腳冰冷、月經不順、自律神經失調症、貧血、皮膚有乾燥的傾向	四物湯（虛）

皮膚的角化或肥厚很嚴重時追加通導散，發紅或熱感強烈時追加溫清飲、三物黃芩湯

蕁麻疹

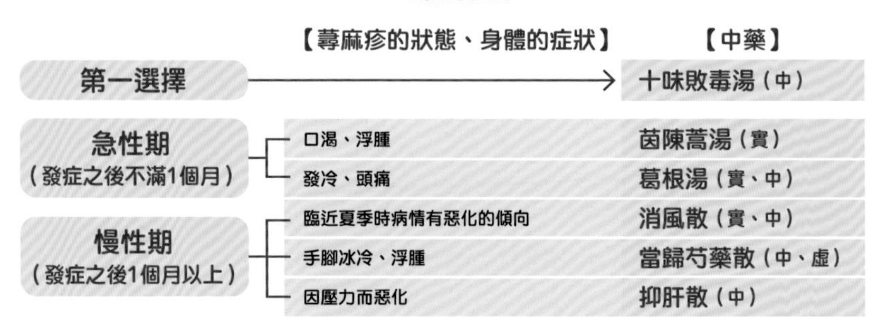

時期	【蕁麻疹的狀態、身體的症狀】	【中藥】
第一選擇	→	十味敗毒湯（中）
急性期（發症之後不滿1個月）	口渴、浮腫	茵陳蒿湯（實）
	發冷、頭痛	葛根湯（實、中）
慢性期（發症之後1個月以上）	臨近夏季時病情有惡化的傾向	消風散（實、中）
	手腳冰冷、浮腫	當歸芍藥散（中、虛）
	因壓力而惡化	抑肝散（中）

搔癢

【搔癢的狀態、身體的症狀】	實證 ↕ 虛證	【中藥】
上半身主體有發熱的感覺、臉部發紅、神經過敏、上火、焦躁、失眠、頭部沉重的感覺、出血傾向	→	黃連解毒湯（實、中）
上半身主體發燒，有口渴、發汗傾向但尿量很多	→	白虎加人參湯（實、中）
上火、臉部發紅、頭痛，肩膀痠痛、暈眩、腳部冰冷，月經異常（無月經、過多月經、月經困難）	→	桂枝茯苓丸（實、中）
因慢性皮膚疾病而患部有熱感、夏季有惡化的傾向、有濕濕的水分（包含抓傷）	→	消風散（實、中）
熱感或發熱、分泌物很少，有精神、神經系的症狀（不安、失眠、上火）	→	溫清飲（中）
皮膚乾燥、夜間搔癢感變強、冬季有惡化的傾向，新陳代謝下降、體力下降	→	當歸飲子（虛）
疲勞、倦怠感很強，腰痛、口渴、手腳冰冷、排尿異常（乏尿、頻尿、排尿痛）	→	八味地黃丸（虛）
新陳代謝下降、全身倦感感或手腳有冰冷感、下痢、暈眩、頭暈	→	真武湯（虛）

伴隨著腎衰竭的搔癢 → 黃連解毒湯、溫清飲、人參養榮湯

伴隨著糖尿病的搔癢 → 牛車腎氣丸

伴隨著失眠的夜間搔癢 → 梔子柏皮湯

痤瘡

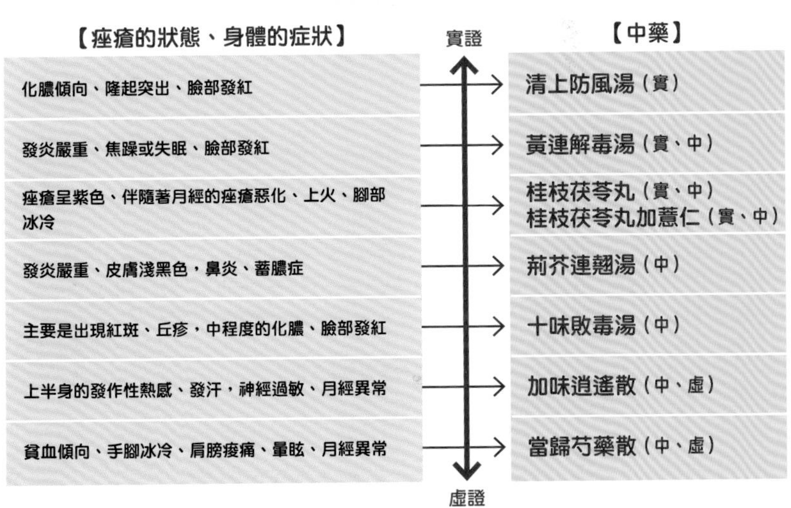

【痤瘡的狀態、身體的症狀】	實證 ↕ 虛證	【中藥】
化膿傾向、隆起突出、臉部發紅	→	清上防風湯（實）
發炎嚴重、焦躁或失眠、臉部發紅	→	黃連解毒湯（實、中）
痤瘡呈紫色、伴隨著月經的痤瘡惡化、上火、腳部冰冷	→	桂枝茯苓丸（實、中） 桂枝茯苓丸加薏仁（實、中）
發炎嚴重、皮膚淺黑色，鼻炎、蓄膿症	→	荊芥連翹湯（中）
主要是出現紅斑、丘疹，中程度的化膿、臉部發紅	→	十味敗毒湯（中）
上半身的發作性熱感、發汗，神經過敏、月經異常	→	加味逍遙散（中、虛）
貧血傾向、手腳冰冷、肩膀痠痛、暈眩、月經異常	→	當歸芍藥散（中、虛）

傷口不消毒的話，可以較快速、漂亮地痊癒

近幾年來，對於傷口的處理方法有了非常大的變化。在過去要是受了傷，絕大多數的處理方法都是會在傷口塗抹上消毒液。不過，現已得知那些消毒液反而會讓傷口惡化，消毒液會殺死皮膚的常在菌，不但讓我們身體自我修復機制所做的努力到最後功虧一簣，而且還反效果地招來了壞菌。也許大家都認為「受傷之後一定要用消毒液殺死雜菌，不是嗎？」但實際上，就算傷口上有一些病原菌，也幾乎不太會有化膿的情形產生。

受傷之後，應對方法的第一步是用乾淨的水或生理食鹽水來清洗傷口（用搓揉起泡的肥皂清洗也OK）。

此外，為了避免傷口乾掉而使用完全貼合的創傷敷料來治療的「濕潤療法」也備受矚目。據說這種療法和讓傷口結痂痊癒的方式比起來，更不會讓皮膚留下疤痕，能夠漂亮地痊癒。不過，在前來我診所就醫的患者當中，有許多案例是因為貼了讓傷口不會乾燥的創傷敷料而肌膚紅腫，讓細菌被封在敷料內造成傷口化膿，導致皮膚的狀態更加惡化。這樣的狀況是因為長期使用創傷敷料所造成的，原本是想要治療傷口，結果卻本末倒置地讓傷口更加惡化。**受傷時要先將傷口清洗乾淨，用乾淨的紗布或是具透氣性的OK繃覆蓋，然後每天換新以保持乾淨狀態，這點非常重要。**

受傷之後先用水洗淨傷口

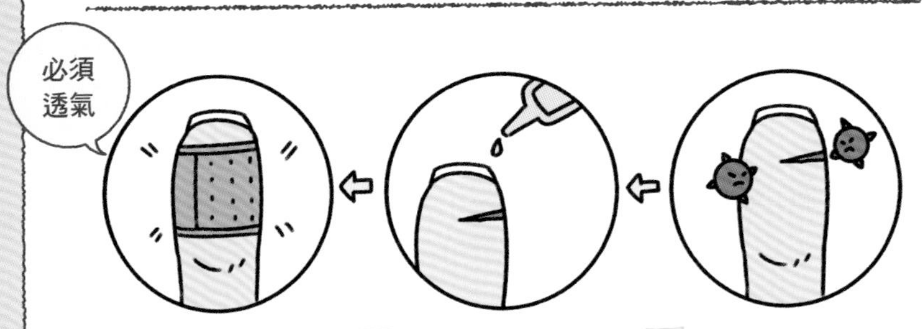

3 保護傷口

用滅菌的紗布包覆加以保護。如果是小傷口，短時間使用OK繃也可以。

2 塗上適量的外用藥物

如果傷口很深的話，要塗上外用藥物，傷口淺的話則不需塗藥。

1 清洗傷口，洗掉髒汙

傷口以流動的清水沖洗，徹底洗去髒汙。使用肥皂清洗也OK。

注意創傷敷料造成的肌膚紅腫

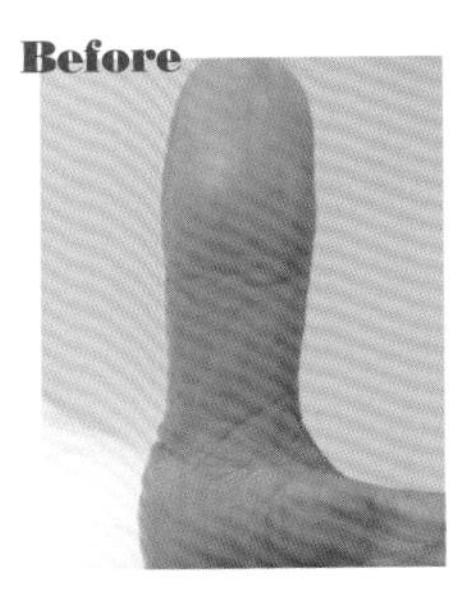

After

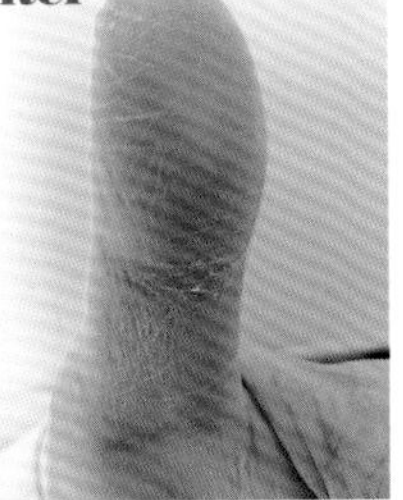

沒有受傷的手指，貼上創傷敷料經過一週之後的實際狀態，可以看出皮膚變得既乾燥又紅腫。

要仔細閱讀說明書

2.以下部位請勿使用本劑。(1)濕疹（潰爛、紅腫）

注意：1.曾經因為本劑或是本劑的成分氣己定而產生過敏症狀者，請勿使用。2.以下部位請勿使用本劑。(1)濕疹（潰爛、紅腫）(2)底妝(3)昆蟲叮咬3.有以下情形的人請於使用前諮詢醫師、藥劑師或登錄販賣者。(1)正在接受醫師治療的人(2)有時會因藥物等產生過敏症狀（例如發疹、發紅、發癢、紅腫等）的人(3)患部的範圍很大的人(4)濕潤或潰爛很嚴重的人(5)傷口很深或燙傷嚴重的人4.要使用時，請仔細閱讀隨附的說明書。5.請蓋緊瓶蓋，保存在陽光不會直接照到的陰涼處。6.請保存在幼兒的手拿不到的地方。

請注意「萬用藥」的使用方法

被稱為萬用藥的軟膏。閱讀說明書的時候，上面寫著「濕疹部位請勿使用本劑」。因為相信這軟膏對什麼症狀都有效，所以用來治療濕疹，結果惡化之後前來本診所就醫的人也很多。使用前請仔細閱讀說明書。

後記

由衷地感謝將這本書讀到最後的各位。

為了讓各位能夠充分理解書籍的內容，本書由重要的皮膚構造和功能開始談起，其中匯整了各種皮膚相關問題的解決方法、肌膚保養的實際做法以及美容相關的煩惱諮詢等方面的要點。

如果書中有可以供您參考的內容，因為都是從小做起就能一件一件去達成的小事，所以還請立即實際去進行。

本書是將「我每天在診療過程中與不同患者的交談內容」加以集結而成的作品。當然，不同的患者不論是症狀或是煩惱，在衣食住等各個方面的背景也都不會一樣。

患者當中也有人跑了好幾家醫院就診都治不好，對我說出：「如果這裡也治不好，我就要放棄了。」這樣的話。

來就診的患者，一直被告知「這是原因不明的皮膚病」，因而長久以來都很苦惱，當我告訴他們：「已經知道發病原因了，所以您的症狀是可以治好的。」有非常多患者都忍不住淚流滿面。

雖然我每天都認真地看診，但是在有限的診療時間當中，我能傳達的事情還是有限。為了面對面就診時我無法把話完整傳達的您，或是由於住得遠、搬家等原因而無法來看診的您，我將皮膚自我保養的重點和訣竅都匯集在本書之中。

我認為，皮膚問題的自我保養有五個重要的事項。

①要取得正確的知識（不要被泛濫的資訊所困惑），②要有耐心（毅力十足地持續進行），③要忍耐（約束自己，不放棄），④不要勉強做過頭（如果累了就休息吧），⑤永遠保持積極樂觀（相信自己一定會變好）。

為了持續進行正確的肌膚保養，「鼓勵自己」是一件非常重要的事。與此同時，皮膚科的研究有顯著的進步，皮膚病治療或美容醫學的選項也是日新月異地持續增加中。

但是，不管時代如何變化，「堅持就是力量」這個法則永遠屹立不搖。一名醫師所能擔負的東西有限，包含皮膚科在內的醫療也有其極限。即使如此，為了因皮膚問題而苦惱的人，我還是勇於領先一步去探索……這是我身為皮膚科專科醫師執著的理念。

為了幫助努力不懈的您，我以「領先一步」的立場撰寫了這本書。如果您在皮膚方面有擔心的問題，請務必重新翻閱本書，我將透過本書持續幫助您、支援您。希望能看到您以水潤飽滿的健康肌膚所展露出來的笑容，讓我再次向閱讀到這裡的您致上謝意。

由衷地感謝您。

うるおい皮膚専科診所　院長　豐田雅彥

日文版工作人員
內文設計　谷関笑子（TYPEFACE）
內文插畫　大沢かずみ、フジノマ（asterisk-agency）
CG插畫　野林賢太郎
原稿協力　石井栄子（いしぷろ）
攝影　柴田愛子
模特兒　赤坂由梨（スペースクラフト）
妝髮造型　輝、ナディア（Three PEACE）
校對　株式会社聚珍社
編輯協力　岡田直子（ヴュー企画）

ATARASHII HIFU NO KYOKASYO IGAKUTEKI NI TADASHII CARE TO FUCHO KAIZEN

Interior design by Shoko TANISEKI (TYPEFACE)
Interior illustrations by Kazumi OSAWA, Fujinoma (asterisk-agency)
Interior CG Illustrations by Kentaro NOBAYASHI
Interior photographs by Aiko SHIBATA
First published in Japan in 2022 by IKEDA Publishing Co.,Ltd.
Traditional Chinese translation rights arranged with PHP Institute, Inc.

從皮膚基礎知識、疑難雜症剖析到凍齡保養一本搞定！

全方位無瑕美肌養護小百科

2023年4月1日初版第一刷發行

著　　者　豐田雅彥
譯　　者　安珀
主　　編　陳其衍
封面設計　水青子
發 行 人　若森稔雄
發 行 所　台灣東販股份有限公司
　　　　　＜網址＞http://www.tohan.com.tw
法律顧問　蕭雄淋律師
香港發行　萬里機構出版有限公司
　　　　　＜地址＞香港北角英皇道499號北角工業大廈20樓
　　　　　＜電話＞（852）2564-7511
　　　　　＜傳真＞（852）2565-5539
　　　　　＜電郵＞info@wanlibk.com
　　　　　＜網址＞http://www.wanlibk.com
　　　　　　　　　http://www.facebook.com/wanlibk
香港經銷　香港聯合書刊物流有限公司
　　　　　＜地址＞香港荃灣德士古道220-248號
　　　　　　　　　荃灣工業中心16樓
　　　　　＜電話＞（852）2150-2100
　　　　　＜傳真＞（852）2407-3062
　　　　　＜電郵＞info@suplogistics.com.hk
　　　　　＜網址＞http://www.suplogistics.com.hk

ISBN 978-962-14-7475-9